KB216330

내 아이 언어 발달의 모든 것

내 아이 언어 발달의 모든 것

초판 발행 2024년 10월 28일
1판 3쇄 발행 2024년 1월 10일

글 원민우
펴낸이 박정우
편집 고홍준
디자인 디자인 이상
펴낸곳 출판사 시월
출판등록 2019년 10월 1일 제 2021-000135 호
주소 경기도 고양시 일산동구 문봉길62번길 89-23
전화 070-8628-8765
E-mail poemoonbook@gmail.com

ⓒ 원민우
ISBN 979-11-91975-24-6(03590)

* 이 책의 판권은 지은이와 시월에 있습니다.
이 책 내용의 전부 또는 일부를 재사용하려면 반드시 양측의 서면 동의를 받아야 합니다.
* 잘못된 책은 구입한 서점에서 바꾸어 드립니다.

0~5세, 연령에 따른 체크리스트부터, 원칙, Q&A 그리고 놀이 방법까지!

원민우 지음

내 아이 언어 발달의 모든 것

시월

머리말

『내 아이 언어 발달의 모든 것』의 저자 원민우입니다. 저는 그간 아동 발달 전문가로서 발달센터와 강연, SNS 등 여러 경로를 통해 많은 부모님들을 만나 왔습니다. 이야기를 나눠 보면 대부분 크게 걱정하는 지점이 바로 아이의 언어 발달이었습니다. 꼭 발달이 느리다는 문제 때문이라기보다 월령에 맞게 잘 성장하고 있는지, 어떤 놀이를 해 줘야 하는지, 어떤 말을 들려줘야 하는지 등 양육 과정에서 겪는 고민이 컸고, 그 고민의 크기만큼 질문도 다양했습니다. 제가 현장에서 만났던 수많은 분들의 고민과 질문이 이 책을 써야겠다고 결심한 이유였습니다.

세상에 아동 발달 전문가들은 많지만 그래도 저만의 장점이라면, 다양한 사람들을 만나 그들의 사연과 이야기를 들을 수 있었다는 점이 아닐까 생각합니다. 부모님이나 아이 들뿐 아니라 어린이집과 유치원 교사들을 비롯해 언어 재활사를 진로로 삼은 학생들을 교육했던 것도 마찬가지입니다. 대상에 따라 가진 고민이나 지향이 달랐던 만큼 각각의 측면에서 유용한 정보를 좀 더 쉽고 재미있게 전달하기 위해 노력했던 시간이 돌아보면 모두 소중한 자산이 되었습니다.

이 책에는 그런 저의 경험과 세월이 모두 녹아 있습니다. 물론 언어 발달 과정은 반복 교육이 필요한 만큼 양육자의 노력이 최우선인 것은 사실입니다. 게다가 언어는 억지로 가르칠 수 없습니다. 재미와 흥미를 느끼게 하여 스스로 자꾸 하고 싶도록 환경을 조성해 주어야 합니다. 그것은 분명 양육자의 몫일 수밖에 없겠지만, 저는 언어 발달에 가장 좋은 방법, 빠른 방법, 옳은 방법은 분명 있다고 생각합니다.

수없이 많은 밤을 원고를 쓰고 지우고 수정하면서 저는 종종 이 책을 읽을 어떤 엄마와 아빠의 마음을 떠올리곤 했습니다. 책의 특성상 아마 가볍게 혹은 시간을 보내기 위해 읽는 분은 많지 않을 겁니다. 예비 부모님이라면 실질적인 정보를 얻어야 할 테고, 언어가 빠른 아이를 양육하는 분이라면 아이의 언어가 더 성장하기를 바랄 테고, 언어가 느린 아이를 위해서 읽고 있다면 절박하고 간절하게 해답을 찾고 싶은 마음일지도 모릅니다.

그렇기에 무거운 책임을 떠안은 채로 『내 아이 언어 발달의 모든 것』을 세상에 내놓습니다. 이 책의 목표는 '느린 아이의 언어 수준은 평균 이상으로, 빠른 아이의 언어 세계는 더 깊고 넓게'입니다. 이 책이 그 길을 충실히 안내하는 나침반이 될 수 있을 거라고 확신합니다.

0세에서 5세까지는 아이에게 정말 중요한 시기입니다. 이 시기의 발달과 성장은 다른 어떤 시기보다도 삶에 큰 영향을 미칩니다. 그러니 우리 아이에게 주어진 길고 찬란한 삶을 위해서 매일매일 조금씩이라도 꾸준히 시간을 내어 주십시오.

그동안 저는 SNS를 통해 많은 팔로어분들과 '놀이'로 소통해 왔습니다. SNS에 소개한 다양한 놀이를 많은 아이들과 함께하면서 저도 아이들도 조금씩 성장해 왔습니다. 작은 바람이 있다면 이 책에 실린 놀이를 통해 좀 더 많은 아이들이 즐거워하고, 행복해하면 좋겠습니다. 좀 더 많이 듣고, 많이 말할 수 있었으면 좋겠습니다. 그것은 이 책이 지향하는 바인 동시에 언어 발달의 핵심이기도 합니다. 대화가 주는 재미를 아는 것, 그래서 좀 더 귀 기울여 듣고, 스스로 말하게 하는 것입니다. 그 과정에 이 책이 조금이라도 도움이 될 수 있다면, 그간의 모든 고생마저도 그저 보람과 기쁨이라고 여길 수 있을 것 같습니다.

이 책을 쓰기까지 저를 성장시키고, 도와준 많은 사람들이 있습니다. 능력 있는 파트너인 동시에 바쁘고 지친 저를 한결같은 애정으로 감싸 주는 아내 채영미, 아동 발달 전문가로 성장할 수 있도록 이끌어 주신 멘토 한춘근 교수님, 내 인생의 동반자인 김준표 마술사, 박

진수 형님, 사제지간에서 시작했지만 이제는 저보다 뛰어난 전문가인 김선영 선생님 그리고 언제나 저의 든든한 버팀목인 부모님께 사랑과 고마움의 인사를 전합니다.

그리고 특별히 저의 두 아이 원대한과 원하리에게 감사의 인사를 전하고 싶습니다.

저는 놀이를 개발할 때면 가장 먼저 우리 아이들과 해 봅니다. 그래서 저의 두 꼬마들은 누구보다 엄격한 심사 위원입니다. 이 아이들이 신나고 즐겁게 했던 놀이들만 세상에 공개하기 때문입니다. 이 책에 실린 놀이들도 마찬가지입니다. 제 아이들의 언어를 성장시켰던 놀이, 온전히 몰입해서 즐겼던 놀이, 실제 현장에서 효과가 검증된 놀이만을 추렸습니다. 그러니 이 책에 저의 노력과 시간은 물론 아이들의 성장 과정까지 담았다고 해도 과언은 아닐 것 같습니다. 이 아이들 덕분에 그리고 제가 만나는 수많은 아이들 덕분에 아동 발달 전문가 원민우도, 인간 원민우도 조금씩 더 나은 사람이 되고 있습니다. 앞으로도 저는 더 나은 사람이 되겠다는 소망과 노력을 멈추지 않겠습니다.

2024년 10월
원민우

❶ 이 책의 구성

'〈PART. 1〉 아이의 언어 발달을 위해 반드시 알아야 할 몇 가지'는 본격적인 내용에 앞서 언어 발달에 관한 이해를 돕기 위한 부분입니다. 언어 발달이 왜 중요한지부터 발달 과정을 이해하기 위해서 꼭 필요한 개념까지 다양하게 설명합니다. 이를 통해 언어 발달을 위한 전반적인 가이드라인을 정립합니다.

그다음부터는 0개월 ~ 61개월 이후까지 월령에 따라 발달 과정과 교육 과정으로 구성하였고, 대부분 4개의 장으로 이루어져 있습니다.

(1) 체크해 보세요

아이의 현재 발달 상태가 어느 정도인지 확인할 수 있습니다.

(2) 이 시기 언어 발달 자극 방법

그 시기에 꼭 필요한 언어 자극 방법을 담았습니다.

(3) 원쌤의 Q&A

현장에서 많은 분들이 궁금해하셨던 질문과 답을 모았습니다.

(4) 언어가 성장하는 놀이

발달 과정에 맞춰 해 주면 좋은 놀이 학습법을 소개합니다.

60개월까지 정상적으로 잘 발달했다면 그때부터는 어떤 자극을 주거나 발달 상태를 확인하기보다는 그간 성장한 언어 능력을 바탕으로 좀 더 심화하는 과정이 필요합니다. 따라서 '〈PART. 7〉 60개월 이후'에서는 놀이만 소개합니다.

❷ 바쁜 양육자들을 위한 '핵심만 간단히'

원쌤의 Q&A는 질문 바로 아래에 '핵심만 간단히'를 따로 추가해 두었습니다. 만약 시간이 없고, 답만 궁금하신 분이라면 이 부분만 읽어도 괜찮습니다. 그 아래의 본문에는 근거를 비롯한 다양한 정보들 그리고 간혹 저의 잔소리(?)도 있으니 관련 내용을 좀 더 심도 깊게 파악하고 싶다면 꼭 읽어 봐 주세요. 분명 도움이 되는 이야기들이 많이 있을 것입니다.

❸ 실제 나이가 아니라 언어 나이에 맞는 자극과 놀이를 해야 합니다

시기별 적절한 발달 정도를 다룬 '체크해 보세요'를 통해 현재 내 아이의 언어 발달 수준이 어느 정도인지를 꼭 살펴보세요. 이를 통해 내 아이의 수준에 맞는 자극법과 놀이를 해야 합니다. 언어는 분명 개인차가 있을 수 있습니다. 만약 26개월인 아이가 적절하게 잘 발달하고 있다면 '〈PART. 4〉 25~36개월'에 있는 놀이를 해 주면 되지만, 혹시 언어가 느리다면 '〈PART. 3〉 12~24개월'에 실린 놀이를 통해 언어 능력을 끌어올려 주어야 합니다.
반대로 빠르다면 그다음 단계에 있는 놀이를 해 주는 것도 좋습니다. 예를 들어 '〈PART. 3〉 13~24개월'에 반대말의 개념을 습득할 수 있는 놀이가 있습니다. '열다/닫다', '넣다/빼다' 등의 개념을 익히는 것이 목표인데요, 일반적으로 이때가 공통되는 요소와 상반되는 요소의 개념을 습득하는 시기입니다. 그런데 아이가 만약 이미 이 개념을 알고 있다면 이 놀이는 무의미합니다. 도달해야 하는 학습 목표도 제시하고 있으니 참고하기 바랍니다.

❹ 6개월 이상 느리다면 전문 기관에서 검사를 받아 볼 것을 권합니다

이 책의 가장 큰 목적은 효과적인 방법으로 아이의 언어가 잘 발달할 수 있도록 돕는 것이지만, 다른 한편으로는 아이의 언어 발달에 문제가 있는 경우 치료를 받아야 하는 시기를 놓치지 않도록 하는 것입니다. 아이의 현재 언어 발달 수준이 대략 3~4개월 정도 늦다면 양육자께서 관심을 가지고 언어 발달에 좀 더 많은 시간을 투자해야 합니다. 그 정도면 노력 여하에 따라 충분히 좋아질 수 있습니다. 하지만 6개월 이상 늦거나, '체크해 보세요'에 있는 내용 중에 아이가 할 수 있는 것이 거의 없다면 그때는 전문 기관에서 검사를 받아 볼 것을 권합니다.

⑥ 수용언어와 표현언어를 각각 체크하세요

언어 발달 수준에 대해 수용언어와 표현언어를 각각 구분해 놓았습니다. 아이의 현재 상태를 볼 때도 수용언어와 표현언어를 따로 보아야 합니다. 만약 아이가 수용언어는 괜찮은데 표현언어가 부족하다면 표현언어를 향상시킬 수 있는 놀이를 좀 더 많이 하는 방식으로 활용하세요.

※ 수용언어와 표현언어 개념은 56쪽을 참고

목차

〈PART. 5〉 37~48개월

〈PART. 6〉 49~60개월

〈PART. 7〉 61개월 이후 놀이 모음

<PART. 1>

아이의 언어 발달을 위해 반드시 알아야 할 몇 가지

Q 언어 발달이 빠르면 어떤 강점이 있나요?

핵심만 간단히

- 언어는 정서, 지능, 성격, 사회성 등 다양한 영역에 영향을 미칩니다.
- 양육자 입장에서 아이의 언어가 빠르면 교육이 훨씬 수월해집니다.

아마 아이의 언어 발달이 중요하지 않다고 생각하는 부모는 없을 것입니다. 하지만 그 중요성과는 별개로 어떻게 해 줘야 하는지 구체적인 방법을 모르는 분들도 있고, 지금은 다소 느려도 때가 되면 자연스레 좋아지겠거니 하고 생각하는 분들도 많습니다.

이와 관련한 이야기는 뒤에서 천천히 하기로 하고, 우선 언어가 빠르면 어떤 강점이 있는지 말씀드리고자 합니다.

언어가 빠르면 어떤 강점이 있을까?

지능 발달

우선 언어는 전반적인 발달에 크게 영향을 미치는데요, 그중 하나가 지능입니다. 생각해 보면 당연한 얘기입니다. 언어가 빠르다는 건 문장이나 문법을 그만큼 빨리 익힐 수 있다는 의미이니까요. 또한 문장 이해력은 논리적인 해석의 영역과 직접적으로 닿아 있기도 합니다. 다시 말해 타인의 언어를 받아들이는 폭이 그만큼 넓어집니다.

예컨대 양육자가 아이에게 "지금은 안 돼. '하지만' 이거 하고 나서 하자."라고 말했다고 가정해 보겠습니다. 아이가 '하지만'을 모르는 상황이라면 어떨까요? 무조건 안 된다고만 생각할 가능성이 큽니다. 이 문장을 온통 부정으로만 받아들이지요.

그런데 상반되는 사실을 나타내는 부사 '하지만'의 개념을 알고 있는 아이라면 얘기가 달라집니다. 그냥 하지 말라는 게 아니라, 먼저 해야 할 일을 끝낸 다음에는 원하는 무언가를 할 수 있다는 사실을 이해합니다. 양육자 입장에서 교육적으로 훨씬 수월해집니다. 즉, 언어가 빠른 아이들은 학습 내용을 익히는 속도가 빠르고, 자기 것으로 받아들이는 폭도 늘어납니다. 이런 부분은 유아기를 지나 성인이 되어서도 어느 정도 학습 능력에 영향을 미치는데요, 덴마크 코펜하겐 대학교 연구팀은 1959~1961년 코펜하겐에서 출생한 사람 1,000여 명을 대상으로 추적 연구를 실시했습니다. 어릴 때 언어 능력이 좋았던 사람이 중년 때도 지능 지수IQ가 높은 것으로 나타났습니다.

성격 발달

자기의 요구나 주장을 조리 있게 표현할 수 있습니다. 무언가 원하는 게 있을 때 그것을 언어로 표현할 수 있는 아이와 언어로 표현할 수 없어서 울음이나 짜증으로만 표현하는 아이, 둘 중 어떤 경우가 성격 발달에 더 긍정적일지는 굳이 설명할 필요가 없겠지요.

사회성 발달

친구들과 대화 주고받기가 더 많이, 더 잘됩니다. '내가 이렇게 말하면 상대방이 반응하는구나.', '이렇게 말하면 상대방이 반응이 없구나.' 하는 상황을 자연스럽게 습득합니다. 즉, 대화의 사회적 측면을 즐길 뿐 아니라, 거기에 따른 느낌과 정서를 더 많이 표현할 수 있습니다. 대개 언어가 빠른 아이들은 가상 놀이를 할 때도 다양한 역할을 잘 수행할 수 있습니다. 병원놀이를 한다면 의사, 환자, 간호사 등 각각의 입장에서 말하고 듣는 것이 가능하다는 뜻입니다. 더불어 언제 시작하고, 언제 끝내야 하는지, 자신의 경험을 어떻게 전달해야 하는지를 맥락에 따라 파악할 수 있습니다. 아무래도 친구들이나, 선생님들께도 조금은 더 인기 있고, 예쁨받는 아이가 되지요.

언어가 느릴 때의 약점

결국 언어는 인지 능력 및 사회성 발달과 서로 밀접하게 연관되어 있습니다. 빠를 때 강점이 생긴다는 것은 곧 느릴 때 약점이 된다는 뜻이기도 합니다. 언어가 느린 경우 비록 초반에는 비언어적 인지 발달에 문제가 없어 보여도, 결국에는 학업 성취 등 성장 과정에서 영향을 받을 수밖에 없습니다. 그 외에도 다양한 영역에서 문제가 발생하기도 합니다.

첫째, 언어 발달 장애는 여러 경향을 보이는데 특히 읽기에 어려움을 보이는 경우가 많습니다. 초등 저학년 수준은 어찌어찌 읽어 가더라도 학습을 위한 읽기 단계인 3학년 이후부터는 글을 읽고 이해하는 데 어려워하는 모습을 보입니다. 그 시기부터는 복잡한 정보가 포함된 내용까지도 학습하기 때문이지요. 실제로 언어 발달이 지연된 아이들은 언어 영역에서 학습 장애를 보이는 경우가 매우 흔합니다.

둘째, 또래와 놀고 싶어도 놀이에 끼지 못하거나, 대화에 참여하지 못하는 등 사회성 발달에 부정적인 영향을 주면서 또래와의 관계에서도 어려움을 겪을 수 있습니다. 언어는 지식과 정보를 전달하는 것뿐 아니라 타인과 감정이나 경험을 공유하는 데도 유용한 도구니까요.

셋째, 말이 늦거나 발음이 부정확한 아이, 말을 더듬는 아이는 자신감이 결여되어 소극적인 성격이 되거나, 말로 문제를 해결하기 어려울 때 공격성을 나타내는 등 정서적 문제가 생기기도 합니다. 이런 상황이 계속되다 보면 아이가 고립감에 빠져 어린이집이나 등교를 거부하는 경우도 발생할 수 있습니다.

저는 직업 특성상, 언어가 빨라서 어린이집에서 일종의 반장 역할을 하는 아이도 만나고, 반대로 느려서 세 살이 넘어도 '엄마', '아빠'밖에 하지 못하는 아이도 만납니다. 여러 다양한 사례를 보고 들으면서 저는 종종 오스트리아 출신의 영국 철학자 비트겐슈타인이 했던 **"내 언어의 한계는 곧 내 세계의 한계"**라는 말을 생각하곤 합니다. 내가 이해하는 언어만큼이 곧 나의 세계입니다. 이 명제는 성인뿐만 아니라 아이에게도 마찬가지입니다. 아니, 아직 많은 부분을 미지의 영역으로 두고 있는 아이들에게 그 차이가 일으키는 변화나 결과는 훨씬 더 크다고 보아야겠지요. 주지해야 할 사실은 언어의 폭이 넓어지고 수준이 높아지는 만큼 아이의 세계는 확장된다는 점입니다.

원쌤의 팁 · 읽기 발달 단계

◆ 0~1세

책을 소리 내어 읽으면 귀를 기울입니다. 6개월 이전에는 대부분 그림만 응시하는 편이지만 9~12개월쯤 되면 책을 만지고 보고, 맛보고 냄새 맡고 들으면서 책을 탐색합니다.

◆ 1~2세

소리 내어 읽는 이야기에 보다 적극적으로 몰두하기 시작하고, 반복과 운율이 많은 이야기를 즐깁니다. 자신의 환경에서 볼 수 있는 사물 그림이 담긴 정보성 책들을 즐깁니다.

◆ 3~5세

이야기를 읽어 달라고 요청합니다. 선호하는 책을 택해 이를 여러 번 반복해 읽는 것을 즐깁니다. 페이지를 넘기고 그림을 보면서 책 읽는 흉내를 냅니다. 이야기를 기억해 내기도 하고, 새로운 이야기를 만들어 내기도 합니다. 주위에 있는 인쇄물들을 인식하며 읽으려고 노력합니다. 주변에서 자신의 이름에 해당하는 문자를 발견하고 알아차릴 수 있습니다. 또한 일부 숫자와 문자를 인식하며, 이것이 주변 공간이나 책에 다른 글꼴로 나타나더라도 인식할 수 있습니다.

◆ 6세

이야기를 주의 깊게 듣습니다. 소리 내어 읽고 암기하여 낭독합니다. 반복되는 운율이 있는 텍스트를 읽어 주면 단어를 예측하기 시작합니다. 예를 들어 동요 「솜사탕」이라면 '나뭇가지에 실처럼 날아든 [솜사탕], 하얀 눈처럼 희고도 깨끗한 [솜사탕], 엄마 손 잡고 나들이 갈 때 먹어 본 [ ], 훅훅 불면은 구멍이 뚫리는 커다란 [ ]' 이런 식으로 지문을 주어도 '솜사탕'을 예측할 수 있습니다.

책이 어떤 역할을 하는지 이해하는 단계에 이르고 표지, 앞, 뒤, 제목, 단어, 페이지 등과 같은 개념을 파악하면서 목차를 보고 원하는 페이지로 넘기거나, 원하는 내용을 확인하기 위해 특정한 페이지로 이동할 수 있습니다.

또한 독자처럼 행동합니다. 자신에게 익숙한 책들을 '읽습니다'. 문자를 인식하고 명칭을 말할 수 있습니다. 문자와 소리 간의 관계와 구두점을 이해하기 시작합니다.

◆ 1학년

자신에게 익숙한 개념에 관한 책이나, 단순하지만 이야기의 전개가 있는 책들을 읽습니다. 연습을 했다면 유창하게 읽을 수 있고, 앞으로 일어날 이야기의 일부를 예측할 수 있습니다. 문자-소리의 대응 관계를 이해하면서 새로운 단어를 읽을 수 있게 되고, 문맥을 통해 모르는 단어의 의미를 이해하기도 합니다. 또 '자○차'처럼 일부만 보여 줘도 단어 전체를 파악합니다. 익숙한 단어들은 굳이 읽으려고 노력을 하지 않아도 자동화가 되어 빠르게 인식할 수 있습니다. 그림들을 단서로 활용해 문장의 의미나 이야기 흐름을 이해합니다. 자신의 읽기를 스스로 모니터링하고 수정합니다. 자신이 텍스트를 이해하지 못했다는 사실을 인식합니다. 이야기 줄거리와 몇 가지 세부 사항을 기억해 내면서, 읽은 내용에 관해 토론할 수 있습니다.

◆ 2학년

소설뿐 아니라 논픽션 등 점점 더 자신의 경험을 뛰어넘는 소재를 다룬 책을 읽습니다. 보다 유창하고 표현력 있게 읽습니다. 소리 내어 읽을 때 구두점을 어떻게 활용하는지 이해하고 적용합니다. 예를 들어 문장 끝에 물음표가 있으면 묻는 의도를 나타내기 위해 말의 끝을 올립니다. 또 전체 문단의 의미를 파악하는 데 주력하는 읽기가 가능해집니다. 이를테면 글을 읽을 때 중요하지 않은 단어를 건너뛴다거나 곁가지인 문장은 배제하고 읽는 방식을 사용합니다. 자신이 알고 있는 지식을 활용해 특정 이야기의 내용이나 흐름을 예측할 수 있습니다. 보다 효율적으로 자가 수정을 할 수 있습니다. 많은 단어를 눈으로 식별할 수 있습니다. 이해하지 못했을 경우 글을 다시 읽습니다. 이야기 속 인물과 사건에 대해 친구나 부모와 이야기를 나눕니다. 특정 질문에 대한 답변을 찾기 위해 또는 특정 목적을 위해 논픽션 자료를 읽습니다. 이야기를 문자 그대로의 수준에서 이해할 수 있을 뿐 아니라 책에서 미묘한 의미를 추론하기 시작합니다.

◆ 3학년 이상

글을 보다 유창하게 읽고 표현력이 높아집니다. 더 길고 어려운 책을 스스로 읽습니다. 모르는 단어가 있다면 전체 맥락을 통해 단어를 예측할 수도 있고, 반대로 알고 있는 몇 개의 단어를 통해 전체 맥락을 파악하는 등 다양한 전략을 사용하여 글의 의미를 도출해 냅니다. 의미를 이해하는 데 있어서 책에 있는 그림의 도움이 덜 필요하거나 전혀 필요하지 않습니다. 소설과 논픽션의 요점을 파악할 수 있습니다. 자신의 경험, 알고 있는 책이나 외부 세계와 새롭게 읽은 책을 연관 짓는 능력이 생깁니다. 글에 담긴 의미와 관련성을 찾아낼 수 있습니다. 책의 의미를 추론하는 능력이 향상됩니다.

Q 언어가 빠르고 느리다의 기준은 무엇인가요?

핵심만 간단히

- 정상적인 경우, 12개월에 한 단어, 18개월에 두 단어 연결, 24개월에 세 단어를 연결해 말할 수 있어야 합니다.
- 6개월 이내 정도의 차이라면 정상 범주에 속한다고 봅니다.
- 6개월 이상 차이가 난다면, 그때는 '언어가 늦다'라고 할 수 있고, 전문적인 검사를 받아 볼 필요가 있습니다.

아이마다 발달 속도가 다르므로 딱 잘라 이야기할 수는 없겠지만, '언어가 늦다'라는 것은 발달 선별 검사에서 해당 연령의 정상 기대치보다 6개월 이상 뒤처져 있는 경우를 말합니다. 조금 간단하게 부모가 현재 아이의 상황과 수준을 파악할 수 있는 방법은 이렇습니다.

1) 아이가 18개월이 넘어도 '엄마', '아빠'를 하지 못한다.

12개월 전후로 '엄마', '아빠'를 해야 합니다.

2) 아이가 24개월이 넘어도 '엄마 추워', '물 줘' 같은 2개의 단어를 결합하지 못한다.

18개월 전후로 두 단어를 결합할 수 있어야 합니다. 여기서 중요한 것은 음절 수의 차이가 아니라 의미가 다른 두 단어를 붙여 쓸 수 있는가 하는 점입니다. 이때 발음은 아직 정확하지 않아도 괜찮습니다.

3) 아이가 36개월이 넘어도 '엄마 문 열어', '블록 놀이 하자' 같은 3개의 단어를 결합하지 못한다.

24개월 이후부터 3단어를 결합할 수 있어야 합니다.

이렇게 단어와 단어를 연결해 의사를 표현하는 능력뿐 아니라 어휘량도 확인해 볼 필요가 있습니다. 구체적으로는 18개월부터 36개월 아이들의 어휘 발달 단계를 시기별로 놓고 봤을 때, 17개월 시기에 표현할 수 있는 평균 어휘 수는 50개, 18개월에는 70개, 20~21개월 사이에는 100개 정도입니다. 23~24개월 사이가 되면 표현 어휘는 280여 개로 그 수가 급속하게 증가한 뒤, 꾸준하게 늘어 36개월에는 약 500개의 어휘를 구사합니다.

물론 양육자가 가정에서 아이의 어휘량을 구체적으로 파악하는 것은 힘들 수 있습니다. 하지만 아이가 늘 하던 말만 하고 있는 것은 아닌지, 어제까지 쓰지 않았던 새로운 어휘를 사용하는지 등을 주의 깊게 본다면 대략적으로 아이의 수준을 파악할 수 있을 것입니다.

만약 앞에서 소개한 체크리스트 세 가지 경우에 해당하거나, 어휘량이 도무지 늘지 않는 것 같다면 발달센터에 가서 언어 발달 검사를 받아 볼 것을 권합니다. 요즘에는 언어 발달 검사를 통해 아이의 수준을 굉장히 구체적으로 파악할 수 있는데요, 예를 들어 24개월인 아이가 와서 검사를 받는다면 현재 언어 발달 개월 수는 물론 또래 아이들을 100명으로 표준화했을 때 이 중 어느 정도 수준에 속하는지 백분율로 파악이 가능합니다. 영유아 검사 때 키와 몸무게 머리둘레를 측정해 보면 내 아이가 몇 분위(예, 100명 중 40등)에 속하는지 알 수 있는 것처럼 언어 발달 수준도 그렇습니다.

다만 발달센터에서 말하는 '늦다'라는 기준에 대해서 부연이 좀 필요한데요, 24개월인 아이가 21~22개월 정도에서 구사할 수 있는 어휘 수준을 보였다면 일반적으로 또래보다 늦는 것이 맞지만 그렇다고 문제가 있다고 할 수는 없습니다. 이 정도면 정상 범위입니다. 가정에서 어떻게 하느냐에 따라 충분히 평균, 혹은 그 이상으로 올라갈 수 있습니다. 이런 아이가 센터에 찾아오면 대개는 부모 상담만 하면서 언어 발달 촉진에 관한 조언을 드린 다음 좀 더 지켜보자는 쪽으로 결론을 내립니다.

관련하여 저자의 입장에서 이 책의 효용에 대해서도 솔직하게 말씀드리겠습니다. 책에 있는 각 연령별 발달 자극 방법과 놀이를 충실하게 해 준다면 평균보다 2~3개월 정도 느린 아이는 충분히 평균까지, 시간은 걸리겠지만 노력 여하에 따라 그 이상으로도 올라갈 수 있을 거라고 확신합니다. 만약 6개월 정도 차이가 난다면 가급적 치료와 책을 병행하는 것을 권하고 싶습니다. 그러면 훨씬 빨리 좋아질 수 있기 때문입니다. 하지만 아이가 병리적인 장애가 없는 경우, 즉 말을 이해하는 데 문제가 없고, 활발하게 옹알이를 했고, 말이나 몸짓을 잘 따라 하며 상호작용에 문제가 없으며, 언어 문제와 관련한 가족력이 없다면 이 책만으로도 평균에 도달하는 것이 불가능하다고 생각하지는 않습니다. 물론 양육자의 관심과 아이의 호응 등 다양한 요인이 복합적으로 작용해야 하는 데다가, 오랜 시간 지치지 않고 꾸준히 노력해야 하는 치료 전 단계의 영역인 만큼 단언할 수는 없는 문제입니다. 그럼에도 제가 책을 통해 알려 드리는 길을 따라 걸어가다 보면 충분히 가능하리라고 생각합니다.

하지만 아이의 언어 발달 지체 정도가 6개월 이상이라면 언어 치료가 필요합니다. 이 책을 병행하면 더 빨리 좋아질 수는 있겠으나 책만으로 할 수 없는 영역입니다. 저는 이 책의 저자로서 책의 효용성과 더불어 한계, 즉 가능한 것과 가능하지 않은 것을 정확하게 말씀드려야 할 의무가 있습니다. 이 책이 어느 정도 도움은 될 수 있겠지만 그것만으로는 아이의 언어 발달에 필요한 모든 조건을 100% 채울 수 없다는 점을 꼭 명심해 주십시오.

원쌤의 팁 · 또래에 비해 3개월 정도 느린 18개월 서윤이 부모님께 드리는 조언

◆ 아이의 모든 행동에 언어로 반응해 주세요

아이가 좋아하는 활동을 함께하면서 아이의 관심을 따라가 주세요. 그러다가 아이가 하는 행동이나 선택한 놀잇감을 묘사하듯이 천천히 설명해 주고 아동이 표현했으면 하는 말들을 여러 번 들려주세요. "일어섰구나.", "자동차네?", "넣었다." 하는 식이죠. 어휘들 간의 속성(비슷한말, 반대말, 상위 범주 등)을 설명해 주는 것도 도움이 됩니다.

단어	비슷한말	반대말	상위 범주
작다	적다	크다	크기
흰색	하얀색	검은색	색깔

◆ 너무 서두르지 마세요

아이의 반응이 느리면 답답해서 못 참는 부모가 있습니다. 즉, 아이가 언어로 표현하기도 전에 부모가 먼저 해결을 해 주면 아이는 말을 할 필요성이 없어집니다. 아이가 스스로 표현할 수 있게 3초만 더 기다려 주세요. 아이가 물을 마시고 싶어 하면 바로 가져다주지 말고 물이 든 컵을 들고 3초 동안 기다려 보는 겁니다. 아이가 스스로 달라고 말할 수 있도록 말이죠.

◆ 미디어 노출을 줄이세요

아이들은 어른처럼 일방적이고 지시적인 학습 형태로 배워 나가는 것이 아니라, 보고 듣고 느끼고 맛보고 만져 보는 등 오감을 활용한 탐색을 통해 균형 있는 발달을 이뤄 냅니다. 따라서 오감을 자극하는 환경이나 다른 대상과의 상호작용이 중요한데, 미디어는 상호작용이라기보다 일방적이지요. 즉, 미디어에 노출이 많으면 많을수록 아이는 그만큼 말할 기회가 줄어듭니다. 말하지 않고 보고만 있으니까요. 정말 급하고 필요하면 보여 줄 수 있겠지만 절대 30분 이상은 넘기지 않도록 하세요.

Q 발달센터는 어떤 곳이고 왜 가야 하는 건가요?

핵심만 간단히

- '아이가 늦은 것은 아닌가?'라는 생각이 든다면 두려워하지 말고 전문 기관에 방문해 볼 것을 권합니다.
- 아이가 정상적으로 잘 발달하고 있다면 자신감 있게 키우면 될 일입니다. 문제가 있더라도 얼마나 빨리 치료를 시작하느냐에 따라 돈도 시간도 노력도 아낄 수 있습니다.

발달센터가 어떤 일을 하는 곳인지 조금 설명을 추가하겠습니다. 저도 아이를 키우는 부모 입장에서, 발달센터를 방문해야겠다고 결심하기까지의 고민, 찾아가면서도 혹시 '내 아이에게 문제라도 있으면 어쩌지.' 하며 마음 졸이는 부모님들의 무거운 마음을 모르는 바 아닙니다. 하지만 그 고민이 너무 오래되면 아이는 물론이고 부모도 훨씬 더 힘들어질 수 있습니다.

발달센터에 오는 유형은 크게 5가지로 나눌 수 있습니다.

1. '늦지만 나중에는 괜찮겠지.' 하다가 말이 안 터져서 오는 유형
2. 어린이집에 가게 되면서 또래보다 늦다는 사실을 인지하고 오는 유형
3. 영유아 검진에서 의사가 권고해서 오는 유형
4. 아이의 발달을 체크하는 과정에서 다른 아이보다 늦는 것 같다는 생각이 들어 민감하게 반응해 오는 유형
5. 아이가 잘 자라고 있는지, 잘 키울 수 있는 방법은 무엇인지 정기적으로 확인해 보고 싶어서 방문하는 유형

직관적으로 알 수 있듯 4, 5번 유형에 비해 1~3번 유형이 훨씬 더 치료가 힘든 경우가 많습니다. 비율로 보아도 10명 중 8명이 1~3번 유형에 속합니다. 즉, 아이의 언어 발달 과정에서 부모가 문제점을 인식했다면, 그것은 곧 치료를 시작해야 한다는 의미일 가능성이 높은 것입니다.

실제로 저희 센터에 방문했던 아이의 사례가 있는데요, 그 친구는 부모님이 맞벌이 주말부부라 조부모께서 보살펴 주셨습니다. 부모님은 일에 지쳐 힘들다 보니 주말에 아이를 만나도 아이에게 잘 반응해 주지 않았습니다. 언어가 늦다는 사실은 인지하고 있었지만 조부모가 아이 아빠도 말이 늦게 트였다고 하길래 '그냥 괜찮아지겠지.' 하며 넘겼습니다. 그러다 결국 시간이 지나도 아이의 언어가 늘지 않자 발달센터를 찾았고 검사를 해 보니 또래에 비해 1년 6개월 이상 언어 지연을 보였습니다. 상황이 생각보다 심각하다는 것을 알고는 바로 치료를 시작했고, 어머니 역시 일을 그만두고 아이에게 집중했습니다. 기관의 치료와 부모의 관심이 병행되자 아이의 언어도 빠르게 성장하는 모습을 보였습니다.

여기서 우리가 유념해야 하는 두 가지가 있습니다. 첫 번째는 노력의 범위입니다. 아무리 발달센터에서 치료를 한다고 해도 가정의 노력이 병행되지 않으면 그 효과는 미미할 수밖에 없습니다. 발달센터에서 시행하는 치료는 일주일에 한두 번, 한 시간 정도에 불과합니다. 그 외 모든 시간을 담당하는 것은 가정입니다.

두 번째는 시기의 문제입니다. 만약 좀 더 일찍 센터를 찾았다면 어머니께서 회사를 그만둘 정도는 아니었을 겁니다. 하지만 또래에 비해 1년 6개월이나 늦을 정도였으니 어머니로서는 결단을 내려야만 하는 상황이었을 것입니다.

그런 점에서 저는 발달센터를 찾는 것을 망설이지 말고, 조금은 마음 편하게 오시라고 말씀을 드리고 싶습니다. 만약 검사를 했는데 정상이라면 그때부터는 자신감을 가지고 키우면 되는 일이고, 문제가 있다면 빨리 치료하면 되는 일입니다. 어찌 보면 치과를 찾는 것과 크게 다르지 않습니다. 빠르면 빠를수록 치료가 간단하고, 비용도 적게 듭니다.

보통 언어 문제 때문에 부모님들이 센터를 방문하면 제가 꼭 묻는 두 가지 질문이 있습니다. **"첫 단어는 언제 처음 말했어요?", "두 단어 연결은 어떻게 하고 있나요?"** 보통은 18개월부터 두 단어를 연결해야 하는데, 24개월이 넘었는데도 못 한다면 문제가 있다는 점을 인지해야 합니다. 이런 부분만 평소에 잘 체크해도 늦지 않게 대처할 수 있습니다.

언어는 그저 말을 잘하고 못하고에 그치는 문제가 아닙니다. 심리, 사회성, 정서, 인지, 지능 등 수많은 영역이 마치 거미줄처럼 복잡하게 얽혀 있습니다. 사실 언어 자체만이라면 조금 늦어도 치료와 양육자의 노력이 병행되면 금방 정상 수준까지 올라올 수 있습니다. 문제는 언어가 늦은 상태에서 시간이 지나면 다른 발달 과정에도 영향을 미치게 된다는 것입니다. 예를 들어 언어가 느려서 어린이집 선생님의 말을 이해하지 못하면 공동생활에 영향을 미칩니다. 또래 친구들과 역할놀이를 할 때도 함께 어울리기 힘들어하는 경우가 많습니다. 그러면 심리적인 문제가 발생할 수 있겠죠. 정상적으로 언어 발달 과정을 거치면 **"우리 같이 놀자."**라고 하면서 의사소통을 할 수 있을 텐데 그걸 못 하니 물건을 뺏는 식으로 놀이를 시작하기도 합니다. 이런 방식이 역효과를 내면서 또래 친구들이 점점 피하게 되고, 아이의 마음 상처는 점점 심해집니다.

보통 아이가 일반적으로 자아가 형성되는 시기는 애착 기간이 끝나는 24개월 전후입니다. 그때부터는 이른바 **"내가 할 거야."**가 시작되지요. 그런데 이때 욕구는 일어나지만 언어가 안 되면 자신이 원하는 걸 얻기 위해, 울고 떼쓰고 화내고 심한 경우 자해하는 방식으로 표현하기도 합니다. 이때 센터를 찾아오는 부모님들도 꽤 많습니다. '언어야 뭐 언젠가 늘겠지.' 하고 가볍게 생각하다가 문제 행동을 일으키니까 그제야 심각성을 깨닫는 것입니다.

결론적으로 언어에만 문제가 있을 때라면 언어 치료만 하면 됩니다. 비용도 적게 들고 기간도 짧습니다. 하지만 언어로 인해 이미 다른 문제도 함께 발생한 뒤라면 그때는 언어, 심리, 정서 행동까지 살펴보고 치료해야 할 수도 있습니다. 당연히 비용도, 기간도, 양육자의 힘듦도 더해질 수밖에 없지요.

부모님들을 대상으로 강연을 하다 보면 **"언어가 늦는 것 같은데 언제부터 적극적으로 개입해야 할지"**를 물어보는 경우가 많은데요, 제 답은 **"늦다는 걸 인지한 바로 그 순간부터"**입니다. 그때부터 바로 신경을 곤두세우고 유심히 살펴야 합니다. 아이의 상태를 정확히 파악하기 위해서라도 발달센터 같은 전문 치료 기관을 피하지 말아야 합니다. 가장 안 좋은 것은 시기를 놓쳐 문제를 더 키우는 일입니다. 부모에게도 아이에게도요.

Q 언어 발달에서 선천적인 요인과 후천적인 요인의 비중은 어떻게 될까요?

핵심만 간단히

- 선천적인 요인은 분명 어느 정도 작용하지만 영향이 크지는 않습니다.
- 장애가 없다면 언어 발달은 양육자의 관심과 노력으로 이루어지는 것이 100%라고 해도 과언이 아닙니다.

가수를 뽑는 오디션 프로그램을 보면 유명 연예인 심사위원이 지원자에게 **"노래는 타고나야 합니다."**라고 말하는 장면이 가끔 나옵니다. 어찌 보면 언어라는 것도 그렇죠. 청산유수처럼 말을 잘하는 사람이 있지만, 상대적으로 말재주가 없는 사람도 있습니다. 말하기 능력은 후천적인 노력도 필요하겠지만 선천적인 기질도 무시하지 못합니다.

사실 언어 발달도 마찬가지입니다. 선천적인 부분, 즉 유전적 요인이 분명 작용합니다. 뇌 과학적 측면에서 보면 언어 및 청각과 관련된 뇌 부위의 신경세포는 남성보다 여성이 10% 정도 더 많다는 연구 결과가 있습니다. 그래서 평균적으로 여자아이가 남자아이에 비해 언어 발달이 빠를 뿐 아니라, 언어 능력도 뛰어난 편입니다. 다만 그 차이가 결코 유의미할 정도는 아니라는 점도 함께 알아 두어야 합니다. 이런 사고에 갇히면 '우리 아이는 남자애라서 좀 늦는 것일 수도 있어.' 방심하다가 문제점을 늦게 인식하게 될 수도 있기 때문입니다.

장애가 있는 경우나 영재 혹은 천재라고 불릴 만큼 뛰어난 아이는 예외로 두고, 일반적인 지능을 가지고 태어났다고 가정할 때, 기본적인 자극을 잘 주었다면 20개월 정도면 100개가 넘는 단어를 사용할 수 있습니다. 이 정도의 어휘량을 학계에서는 '기본값'이라고 정의합니다. 예컨대 24개월인 두 아이에게 똑같은 언어 자극을 주었을 경우, 아동 A는 25개월 정도의 수준, 아동 B는 22개월 정도의 수준 차이는 날 수 있습니다. 선천적인 요인이 발달에 미치는 영향은 이 정도입니다. 물론 연령이 높아지면서 좀 더 심도 있는 학습 수준으로 들어가면 선천적인 요인 때문에 생겼던 차이가 더 벌어질 수도 있겠지만 기본적인 언어 발달 영역에서는 그렇습니다.

제 경험을 좀 말씀드리면 언어 발달이 늦어 센터를 찾는 아이들 중에는 특정할 만한 장애가 없는데도 경미한 지체와 명확한 언어 발달 지체의 경계선상에 있는 경우가 있습니다. 부모님께서 **"원인이 뭘까요?"** 궁금해하시는데, 이런 상황이라면 원인은 거의 100% 양육자에게 있습니다.

이 책을 읽는 부모님들 중에 그런 경우가 있을지는 모르겠습니다만, 만약 그렇다면 반성해야 하고 노력해야 하고 달라져야 합니다. 이런 사례라면 조금만 시간과 정성을 투자하면 금방 좋아지기 마련입니다.

Q 부모의 노력은 아이의 언어 발달에 얼마나 영향을 미치나요?

핵심만 간단히

- 선천적인 장애가 없다면 부모의 노력이 전부라고 말해도 과언이 아닙니다.
- 아이가 보내는 신호에 부모가 민감하게 반응할수록, 아이의 관심사에 함께 주의를 기울일수록 아이의 어휘력은 좋아집니다.
- 아이가 보내는 신호를 무시한 채 아무런 언어 자극을 주지 않으면 아이의 언어는 늘지 않을 수도 있습니다.

그렇다면 부모의 노력은 아이의 언어 발달에 얼마나 영향을 미칠까요? 제가 그동안 수많은 부모님을 만나면서 늘 강조하는 말이 있습니다.

"부모는 자녀의 인생에 가장 크게 영향을 미치는 정신적 원천이다."

세상이 발전해 다양한 교육 방법이 등장하고, 시중에는 아이의 성장 발달에 좋다는 수많은 교재들이 널려 있지만 그럼에도 아이에게 가장 재미있는 장난감은, 아이에게 가장 필요한 학습서는 부모일 수밖에 없습니다. 비단 언어의 영역뿐 아니라 모든 발달 과정에 있어서도 마찬가지라고 생각합니다.

부모는 인간이 태어나서 가장 먼저 관계를 맺는 대상이고 그래서 영유아 발달에 결정적인 영향을 미칩니다. 특히 아이의 언어 발달에서 부모의 중요성은 여러 선행 연구를 통해 검증되고 있습니다. 해외 연구에서는 어머니가 제공하는 언어 정보의 입

력량이 많을수록 영아의 어휘력 발달을 촉진하고, 어머니가 영아와 함께 주의를 기울이는 '공동 주의' 시간이 길수록, 어머니의 상호적 반응성이 높을수록 영아의 어휘력은 높게 나타난다고 합니다.

여기서 공동 주의에 대해 조금 더 설명을 부연해 보죠. 아이와 함께 시간을 보내다 보면 아이가 어떤 사물이나 사건 혹은 사람에게 주의를 기울이는 경우가 종종 있을 것입니다. 그럴 때 보통 어떻게 반응하셨나요? 그냥 '우리 아이가 이런 데 관심이 있구나.' 하고 넘어가지는 않았나요? 혹시 그랬다면 이제부터라도 함께 관심을 보이고, 말을 걸어 주세요. 예를 들어 아이가 사과를 유심히 바라본다면, **"이건 사과야. 빨갛고 동글동글해. 한번 만져 볼까?"** 하고 말입니다. 이렇게 아이가 관심을 기울이는 것에 부모가 함께 반응을 보이는 것을 공동 주의라고 합니다. 공동 주의 시간은 영아의 언어 발달에 큰 영향을 미칠 수 있습니다. 또한 부모가 영아에게 말을 걸고 놀이를 함께하는 등 발달과 학습에 참여하는 정도가 많을수록 만 2세 영아의 표현 어휘력과 이해 어휘력이 높았다는 국내 연구 결과도 있습니다.

이런 다양한 연구들은 부모가 아이의 신호에 민감하게 반응하는 태도가 아이의 어휘력 발달에 얼마나 많은 영향을 미치는지를 잘 말해 주는데요, 반대로 부모가 아이의 신호에 잘 반응하지 않거나 상호작용을 하지 못한다면 아이의 언어 발달에도 부정적인 영향을 미칩니다. 대표적으로 아비뇽의 야생 소년 사례를 들 수 있습니다.

1800년 1월경 남부 프랑스 아비뇽 마을 사람들은 들판에서 11세가량 되는 소년을 발견했습니다. 소년의 구체적인 사연은 알지 못하지만, 사람들의 말을 알아듣지 못했고 또 사람들이 다가서면 동물처럼 도망을 다니기도 했습니다. 야생 소년은 언어 발달이 중요한 시기에 어떠한 언어 자극도 받지 못했고, 양육자와 상호작용도 할 수 없었기 때문에 언어를 습득하지 못했던 것입니다. 이후 여러 연구자들과 함께 훈련을 거듭했지만 끝내 간단한 문장으로밖에 말하지 못했습니다. 학자들은 이 야생 소년이 1800년이 아니라 언어 연구가 훨씬 발달한 지금 발견되었더라도 일반인들처럼 언어를 학습할 수는 없었을 거라고 추정합니다. 이런 사례만 보아도 우리는 적절한 시기에 부모와 교감을 나누며 쌓는 유대감이 아이의 언어 발달에 얼마나 큰 영향을 미치는지 알 수 있습니다.

또 중요한 부분은 '어떻게'일 것입니다. 언어 발달의 핵심은 뭐니 뭐니 해도 부모의 노력과 사랑과 관심이라는 것은 자명하지만 좀 더 효과적인 말 걸기, 좀 더 언어 발달을 촉진하는 놀이는 분명히 있습니다. 저는 이 책을 통해 그 '올바른 방법'을 소개하고자 합니다. 그러니 저를 믿고 따라와 주세요. 제 방법과 부모님의 노력이 함께 어우러진다면 아이의 언어는 분명 한 단계 더 성장할 수 있습니다.

Q 언어 발달에 영향을 미치는 긍정적인 모습과 부정적인 모습은 어떤 것이 있나요?

핵심만 간단히

- 가장 중요한 것은 부모의 태도입니다. 언어는 스스로 흥미를 느낄 수 있어야 합니다. 꾸짖거나 혼내거나 아이의 수준을 넘어선 내용을 가르치려고 든다면 어느 순간 아이는 입을 닫아버릴 수도 있습니다. 부드럽게, 다정하게, 꾸준하게, 천천히 해야 합니다.
- 그리고 이 네 가지를 기억해 주세요. 적절한 수준의 말을 들려주기, 많은 말을 들려주기, 아이에게 말할 기회를 주기, 상호작용하기.

아이의 언어 발달을 위한 가장 기본적인 원칙은 언어의 사용을 '일상' 안에서 많이 보여 주는 데 있습니다. 언어 자극을 주기 위해서 인위적으로 자세를 잡고 책을 읽어 주거나 단어 카드를 쓰는 것이 아니라 일상생활 중에 부모의 언어 사용을 보여주라는 뜻입니다. 더 좋은 방법은 놀이 상황인데요, 놀이는 아이가 실제로 '경험'하는 방식이기 때문에 언어 발달에 가장 높은 영향력을 지닌 도구라고 할 수 있습니다. 이 경험에 '새로움'을 더해 주세요. 놀이를 통해 아이에게 그동안 들려주지 않았던 다양한 단어를 최대한 많이 들려주어야 합니다. 또 무조건 부모의 말을 들려주기만 하는 것이 아니라, 아이가 스스로 이야기할 기회를 많이 만들어 주어야 합니다. 제가 강연에서도 종종 강조하는 부분인데요, 이렇게 말하면 꼭 따라오는 질문이 있습니다.

"놀이를 하면서 아이에게 어떤 식으로 말을 걸어야 할지 잘 모르겠어요."

"언어 자극에 긍정적인 영향을 미치는 대화란 어떤 것인가요?"

궁금해하는 분들을 위해 아이에게 언어 자극을 '잘' 줄 수 있는 단계별 대처 방법을 말씀드리고자 합니다. 덧붙여 이 책에는 아이의 언어 발달 수준에 따라 할 수 있는 가장 효과적인 언어 자극 방법과 구체적인 놀이 방법, 또 주의 사항이 있으니 실전에서는 그 부분을 참고하시고, 여기서는 아이의 언어 발달을 위한 전반적인 가이드라인을 정립해 드리도록 하겠습니다.

긍정적인 모습

① 엄마 아빠가 혼잣말하기

아직 아이가 말을 하지 못하는 경우(12개월 미만)에 사용할 수 있는 방법입니다. 엄마 아빠가 혼잣말하듯 상황을 설명하거나, 느낌이나 감정, 기분을 이야기해 줍니다. 이런 과정은 아이에게 자연스럽게 언어에 관한 흥미를 유도하는 데 도움이 됩니다. 이를테면 아이와 블록 쌓기 놀이를 한다고 가정해 보겠습니다. 아이가 말을 못 한다고 해서 부모도 입을 닫은 채 블록만 쌓는 것이 아니라 계속 혼잣말을 하고, 아이의 행동에 반응하고 말을 걸어 주세요. 다만 이때 너무 어렵지 않은 어휘를 사용해야 합니다.

"와, 여기 블록이네, 블록. 블록으로 뭐 하지? 올려 볼까? (아이가 블록을 쌓으면) 와~ 올라갔네. 또 올려. (또 쌓으면) 잘했어. 높다. 블록 높다~"

사실 이렇게 한다고 해도 아이가 부모의 말에 별로 반응을 보이지 않을 수도 있습니다. 또 언어라는 것이 단기간에 갑자기 느는 것도 아닙니다. 놀이를 몇 번 같이 했다고 말을 못 하던 아이가 갑자기 엄마, 아빠를 외칠 가능성은 크지 않습니다. 그럼에도 이런 놀이를 통해 다양한 단어를 들려주고, 새로운 경험을 할 수 있게 해 주세요. 이 과정을 꾸준히 그리고 천천히 반복해 주세요. 그런 시간이 쌓이고 쌓이면 어느 순간 아이의 어휘력은 분명 크게 성장합니다. 마치 작은 블록을 하나하나 쌓아 높은 탑을 만드는 과정처럼 말이죠.

② 아이의 말에 답해 주고, 함께 혼잣말하기

아이가 조금씩이라도 표현하기 시작했다면 이제는 아이가 하는 말을 엄마 아빠가 한두 단어로 최대한 짧게 대답을 해 주고, 함께 혼잣말도 해 주세요. 꼭 대화를 주고받으려고 노력하지 않아도 됩니다. 아이는 이제 막 '말'이라는 걸 하기 시작했습니다. 지금은 비록 의사소통이 이루어지지 않더라도 같은 공간 안에서 아이가 더 많은 언어에 노출되고 더 많은 발화를 할 수 있도록 유도하는 정도면 충분합니다. 물론 대화를 하며 서로의 의견을 공유하는 것도 좋겠지만, 지금 단계에서 목표는 아이 스스로 많은 말을 할 수 있도록 하는 데 있습니다. 여기서 다음 단계로 넘어가기 위해서는 먼저 아이 스스로 입을 떼고 소리를 내는 데 재미를 느끼고 그 과정에 익숙해져야 합니다. 그러니 지금 단계를 잘 보내야 좀 더 정교한 표현이 가능하고, 나아가 의미 있는 대화도 시작할 수 있습니다.

③ 아이가 한 말을 확대해서 반복하기

아이가 '소리 내기'에도 익숙해지고, 한두 단어 정도의 수준이더라도 자신의 의사를 표현할 수 있게 되면 이제부터는 아이가 한 말을 듣고 조사나 어미 같은 문법 요소를 조금 더 첨가해서 반복해 주는 과정이 필요합니다. 아이가 인형을 침대에 눕히면서 **"아가."** 혹은 **"코~ 자."**라고 말했다면 양육자가 **"아가가 코~ 자.(조사 '가' 첨가)"**, **"아가가 코**

자네.(어미 '-네' 첨가)"와 같은 식으로 아이의 말을 받아서 언어의 범위를 확장해 주는 것입니다. 이 반복 · 확대 행위는 관계 호응이기도 해서 아이는 자신이 존중받고 있다고 느낍니다. 말을 구사하는 것, 혹은 대화를 나누는 것에 재미를 느끼게 되기도 하지요. 이때 동일한 문장 형태를 여러 번 반복해 주십시오. **"아가가 코~ 자."**에서 끝나는 게 아니라, **"아빠가 코~ 자. 엄마가 코~ 자. 할머니가 코~ 자, 인형이 코~ 자. 토끼가 코~ 자."** 이런 식으로 동일한 문장에서 주체만 바꿔 반복해 주면 아이의 문장 활용 및 단어 활용 이해도가 올라갑니다.

④ 아이가 한 말에 부연 설명을 짧게 붙이기

이번 단계는 세 번째 단계에서 조금 더 발전한 형태입니다. 아이가 두 단어나 세 단어를 활용하여 짧은 문장을 구성할 수 있고, 짧은 문장 단위로 대화할 수 있을 정도가 되면 이제 아이에게 적절한 새 정보를 첨가해서 다시 한번 말해 줍니다. 아이가 스스로 **"아가가 코~ 자."**라고 이야기했다면 여기에 **"아가가 졸려."**, **"이제 낮잠 잘 시간이야."** 등의 다른 정보를 짧게 붙여서 들려주는 방법입니다. 동시에 '코 자.'라는 소위 유아어 대신 '졸려.'라는 정확한 말을 익힐 수 있게 유도할 수도 있습니다. 이 외에도 다양한 문법 추가, 아이가 한 말의 이유 설명, 대비 개념, 시간 순서에 따라 앞뒤 사건을 추가하는 등 다양하게 변화를 주어 언어의 범위를 확대해 나갈 수 있습니다.

예시)

· 이유 설명하기

아이: 밥 먹어.

엄마: 응, 아가가 밥을 먹는구나. 아가가 배가 고파서 그래.

· **대비 개념 설명하기**

아이: 이거 작아.

엄마: 그렇구나. 과자는 작지! 이 빵은 진짜 크다! 과자는 빵보다 작아.

· **반대되는 관계 설명하기**

아이: 너무 깜깜해.

엄마: 불을 끄니까 너무 깜깜해. 불을 켜면 밝아져!

큰 틀에서 봤을 때 언어 발달을 촉진하는 방법은 이 네 가지가 핵심이라고 생각합니다. 요약하면 이렇습니다. **적절한 수준의 말을 들려주기, 많은 말을 들려주기, 아이에게 말할 수 있는 기회를 주기, 상호작용하기.**

부정적인 모습

① 언어를 잘못 사용했다고 꾸짖는 경우

언어 발달 교육이 신체 발달 교육과 결정적으로 다른 점은 강제로 할 수 없다는 데 있습니다. 보통 신생아 시기에 대근육 발달을 위해 하루 5분 이상 터미 타임을 하죠. 이건 아이가 원하지 않더라도 어느 정도 강제성을 부여할 수 있습니다. 하지만 언어는 그렇지 않습니다. 강제로 주입하려고 하거나, 억지로 시키려고 하면 오히려 입을 닫아 버리는 역효과가 날 수 있습니다. 언어 발달 교육이 신체 발달 교육보다 쉽지 않은 이유이기도 하지요.

간혹 아이의 잘못된 언어 표현을 다듬어 줄 생각에 틀린 부분을 지적하고 부정적으로 표현하는 양육자들이 있는데요, 이러다 보면 아이는 말에 대한 즐거움보다 말을 함으로써 발생하는 결과에 신경을 쓰게 됩니다. 말을 해서 혼나기보다 말을 하지 않는 편을 선택하는 거죠. 그러니 아이의 말을 지나치게 바로잡으려 하기보다 자연스럽게 발전해 가도록 도와주고 기다릴 줄 알아야 합니다. 예를 들어 아이가 엄마를 **"마마."**라고 했을 때 은근히 많은 부모들이 이렇게 합니다. **"아니지! 엄마라고 해야지. 자, 따라 해 봐. 엄, 마!"**

부정적인 예시의 전형입니다. 아이에게 강제로 엄마라고 부르기를 강요하지 말고 아이가 해야 할 말을 다정하고 부드럽게 들려주세요. **"우리 민우가 엄마라고 했구나~ 엄마를 불러 보고 싶구나~ (그다음 또박또박) 엄, 마."**

② 아이 수준보다 더 어렵게 말하는 경우

아이의 수준을 고려하지 않고 어려운 어휘와 복잡한 문장 구조를 사용하는 분들도 있습니다. 아이에게 말을 많이 해 주면 좋다는 이야기를 듣고 그야말로 '열심히! 자세하게! 길게! 열정적으로!' 이야기하는 경우죠. 이러면 아이들은 부모의 소리를 그저 소음으로 처리하고 맙니다. 마치 우리가 이해하지 못하는 언어를 접했을 때 아무리 들어도 그 의미가 귀에 들어오지 않는 것처럼 말입니다.

관련한 일화를 하나 말씀드리겠습니다. 이 책을 담당하는 출판사 직원은 생후 6개월가량의 아이를 키우고 있는데, 아이에게 책을 읽어 주면 좋다는 이야기를 듣고 당시 교정보던 원고를 읽어 줬다고 합니다. 본인 말로는 이렇게 하면 교정도 볼 수 있고, 아이에게도 도움이 될 테니 일석이조라고 생각했다는 건데요, 그 책의 내용이란 게 무려 이런 수준입니다. **"보통 인간 문명의 전체 진화사를 보면 도구의 발명과 발달을 중심**

으로 보는 물질주의적인 경향이 있다."

이건 오히려 아이가 자연스럽게 언어를 접하는 상황을 막을 수도 있습니다. 아이의 수준에 맞지 않는 언어를 상호작용 없이 너무 오랫동안 의미 없이 들려주는 것은 해가 될 수도 있는 일이니 당장 그만둬야 한다는 조언을 건넸습니다. 아이에게 가장 효과적인 책 읽기 방법에 대해서는 뒤에서 구체적으로 다시 다루도록 하고, 여기서는 아이의 수준을 고려하지 않은 말 걸기는 절대 금물이라는 점을 꼭 기억하기 바랍니다.

③ 대명사 사용을 많이 하는 경우

아이가 알아들을 수 있는 명확한 단어를 쓰지 않는 것도 언어 발달에 부정적인 영향을 미칩니다. **"노란 신발 신고, 달리기를 하자."** 라고 말하는 대신 **"저것 신고 재미있는 것 하자."**라고 말하는 경우입니다. '이것' 또는 '저것'처럼 아직 아이 수준에서 추상적인 표현인 대명사를 쓰는 것은 적절하지 않습니다. '노란 신발'처럼 명시적이고 구체적인 단어를 쓰는 것이 어휘량을 늘리는 데 훨씬 더 효과적입니다.

예) 이쪽 손 씻자. → 왼쪽 손 씻자.
이거 먹자. → 과자 먹자.
저기 가자. → 마트 가자.

④ 말할 기회를 주지 않는 경우

아이가 원하는 것을 빠르게 알아채고 아이가 말하기 전에 먼저 해 주는 경우입니다. 예를 들면 아이의 눈빛이나 행동을 통해 '목이 마르구나.'라고 짐작해 미리 물을 가져다주거나, 바지에 손만 대도 화장실에 데려다주는 것 등을 말합니다. 앞에서 언어 발달에 긍정적인 영향을 주는 방법 중 하나가 아이에게 말할 수 있는 기회를 많이 주는 것이라고 했는데, 이건 정확히 반대되는 행동이죠. 이런 예상 행동은 아이가 말할 기회를 뺏는 꼴이 됩니다. 이런 행동이 반복되어 습관처럼 굳어지면 부모가 알아서 해 주지 않았을 때 아이가 짜증을 내는 상황이 올 수도 있습니다. 그럴 수밖에 없지요. 처음에는 무심코 받아들이던 아이도 점차 '다 알면서 왜 말을 시키는 거야?'라고 생각하게 될 테니까요. 그러면 부모는 아이가 짜증을 내니까 또 그냥 해 줍니다. 악순환의 반복이죠. 처음부터 이런 상황을 만들지 않는 게 가장 좋지만, 혹시 이런 단계까지 진행되었다면 저항기가 있어도 꼭 아이가 원하는 바를 말로 표현하도록 유도하고, 또 말로 했을 때에만 요구 사항을 들어줘야 합니다.

예) 아이가 물을 마시고 싶어 하면 물을 들고 "물 줘." 혹은 "물 주세요."라고 모델링을 보여 준 후 아이가 따라 하면 주기. 추후에 익숙해지면 모델링을 주지 않고 물을 든 상태에서 빤히 아이를 보고 기다려서 스스로 발화하게 하기.

Q 언어 발달은 0~5세 사이에 이루어진다고 하는데 이 시기가 중요한 이유는 무엇인가요?

핵심만 간단히

- 7세 이전까지는 삶과 생존을 위한 발달이라면, 이후부터는 학습이나 공부를 위한 과정에 돌입합니다.
- 만약 7세 이전에 기본적인 모든 발달을 마치지 않으면 학교생활을 제대로 할 수 없을 수도 있습니다.
- 그래서 0~7세 사이야말로 가정의 역할이 정말로 중요합니다. 물론 그렇다고 그 이후 역할이 중요하지 않다는 건 아닙니다.

보통 아이들은 7세 전까지는 어린이집이나 유치원을 다니기도 하고 경우에 따라 가정에서만 양육하기도 하는데요, 그 이후부터는 의무적으로 초등학교에 들어가야만 합니다. 이제부터는 아이에게도 새로운 세상이 펼쳐지는 셈인데, 책으로 치자면 챕터 1이 끝나고, 본격적으로 성장할 챕터 2가 시작된다고 볼 수 있습니다. 아이가 이 새로운 세상에 잘 적응하기 위해서는 7세 이전까지 기본적인 발달이 어느 정도 이루어져야 합니다.

언어 발달의 측면에서 보자면 0~5세 사이에 기본적인 발달 과정이 끝납니다. 정상적인 경우라면 만 5세 정도에는 성인 언어 체계의 주요 구성 요소들을 이미 대부분 습득한 상태입니다. 스스로 완전한 문장을 만들 수 있고, 성인과도 충분히 소통할 수 있는 수준이 됩니다. 이후 7세 무렵에는 성장한 언어 발달이라는 토대 위에서 좀 더 성숙하는 과정, 좀 더 심화하는 과정이라고 할 수 있고요. 다시 말해 7세 정도가 되면 삶, 즉 생존을 위한 언어는 완성된다고 할 수 있습니다. 이후 학교에 들어가서 배우는 내용은 삶을 위해서라기보다는 학습을 위한 과정이라고 보는 것이 맞습니다. 예컨대 사과라고 한다면, 7세 이전에는 사과는 빨간색이고, 과일이고, 아삭아삭하고 정도의 개념까지를 이해하는데요, 우리가 살아가기 위해서는 이 정도면 충분합니다. 학령기인 7세부터는 사과에는 어떤 종류가 있고, 어떻게 열리고, 씨앗 과일이고 등등의 개념을 익힙니다. 삶을 위한 것이라기보다는 학습을 위한 과정이지요.

결국 0~5세 사이 늦어도 7세 이전에 기본적인 언어 발달이 된 상태여야 학습도 무난하게 할 수 있습니다. 그래서 대부분의 아동 발달 검사 종류를 봐도 6세, 학령전기까지의 발달 검사표를 가지고 검사합니다. 다시 말해 **"8세인데, 혹은 9세인데 발달이 느려요."** 하고 찾아오면 그 친구는 6세 혹은 그 이전 나이의 발달 검사지를 사용한다는 것이죠. 언어뿐 아니라 대근육, 소근육, 사회성, 자조행동(48쪽 참고) 등 모든 발달이 다 그렇습니다.

신체 발달과 관련해서도 예를 하나 들어 보겠습니다. '몸'의 측면에서 보면 아이는 7세 이전에 기본적인 대근육이 발달되어 있어야 하고, 그래야 생존에 필요한 움직임이 가능해집니다. 그 이후에 학교에 들어가면 어떻게 되나요? 대근육을 이용한 오래달리기, 멀리뛰기 같은 것을 배웁니다. 생각해 보면 우리가 삶을 살아가기 위해 굳이 멀리뛰기나 오래달리기를 할 필요는 없지요. 과거라면 사냥이나 채집 등을 위해 필요한 조건이었을 수 있겠지만 현대와 와서는 단지 신체를 단련하기 위한 것일 뿐 생존과는 관련이 없습니다.

결론적으로 아이가 7세가 되기 전까지는 가정에서의 역할이 매우 중요합니다. 그 나이에 맞는 발달 과정을 이루어야 합니다. 그래야 이후부터 시작되는 학교 교육을 무리 없이 받아들일 수 있기 때문입니다.

만약 이게 안 되면 어떤 일이 벌어질까요? 선생님이 말을 하는데, 아이는 도무지 이해할 수가 없습니다. 예를 들어 **"벌은 무슨 일을 해요?"**라는 문장을 이해하려면 '벌'을 알아야 할 것이고, '일'을 알아야 할 것이고, '한다'의 의미를 알아야 합니다. 기본적인 언어 발달이 이루어지지 않으면 학교라는 공간에 적응하기 매우 어렵습니다.

언어뿐만이 아닙니다. 실제로 저희 센터에 찾아온 친구 중에 이런 경우가 있었습니다. 아이가 미술 시간에 색칠을 합니다. 다른 아이들은 5~6가지 색을 사용해 알록달록한 그림을 완성하는데, 이 친구는 미술 시간이 끝날 때까지 고작 1~2가지 색만 사용했고, 그림은 반도 완성하지 못했습니다. 쉬는 시간이 되어 다른 친구들은 밖으로 나가 신나게 술래잡기를 하고 있는데, 쉬는 시간이 끝날 때까지 신발 끈도 다 묶지 못했습니다. 소근육 발달이 제대로 이루어지지 않았을 때 생기는 문제입니다. 그러면 아이는 자연스럽게 학교라는 공간과 내가 어울리지 않는다는 생각을 하게 됩니다. 그렇게 학교생활이 무너지다 보면 아이의 삶 자체가 무너질지도 모를 일입니다.

저는 이 책을 읽는 부모님들께 괜한 불안감을 조장하려는 것이 아닙니다. 다만 아이의 모든 발달에는 적절한 시기가 있고, 그 시기를 놓쳐선 안 된다는 말을 하고 싶습니다. 아이가 세상으로 무사히 나갈 수 있도록 적절한 보호와 교육을 해 주고, 적절한 발달을 이룰 수 있도록 돕는 것이 얼마나 중요한 일인지 꼭 기억하면 좋겠습니다.

Q 신체 발달과 언어 발달은 연관성이 있나요?

핵심만 간단히

- 신체 발달과 언어 발달은 직접적인 연관이 있다고 볼 수는 없지만, 간접적으로 느슨하게 영향을 주고받습니다.
- 또 중요한 개념은 성장과 성숙입니다. 아이의 발달 과정에서 성장만을 너무 중요하게 생각할 것이 아니라 각 성장 단계에서 충분히 성숙할 수 있도록 도와주어야 합니다.

기본적으로 아이의 발달 종류는 사회성, 자조행동, 신체 발달(대근육, 소근육), 언어 이해력, 언어 표현력 등으로 나뉘는데요, 신체 발달과 언어 발달은 어떤 연관성이 있을까요?

사실 신체와 언어는 같이 발달할 수도 있지만, 그러지 않을 수도 있습니다. 발달 과정에서 차이가 생기기도 합니다. 그래서 부모님들은 아이의 모든 부분이 고루 발달할 수 있도록 도와줄 필요가 있습니다. 신생아 시기에 터미 타임을 해 주어야 대근육이 잘 발달한다는 얘기만 듣고 언어는 무시한 채 터미 타임만 해 줘도 안 될 일이고, 언어가 중요하다고 해서 신체 발달은 뒤로 한 채 말 걸기만 해서도 안 될 일입니다.

그래서 신체 발달과 언어 발달은 전혀 연관이 없냐고 묻는다면, 저는 직접적이지는 않지만 간접적으로 느슨하게 연결되어 있다고 답하겠습니다. 이유는 이렇습니다. 생후 12개월이 된 두 아이가 있습니다. 언어 발달 정도가 같다 하더라도 한 친구는 걸을 수 있고 한 친구는 아직 걷지 못한다면 이 두 아이는 받아들이는 자극 자체가 다를 수밖에 없습니다. 걸음으로써 보고 듣고 만지고 느낄 수 있는 영역이 있고 이는 언어에도 영향을 미칩니다. 간혹 아이가 팔다리로 기는 단계를 건너뛰었지만 그 대신 다른 아이들보다 빨리 걸었다고 자랑스러워하는 부모님이 있는데요, 물론 부모 입장에서는 대견한 일이겠지만 저는 무조건 좋은 상황이라고 생각하지는 않습니다.

우선 팔다리로 기는 행위가 대근육과 소근육 발달에 많은 도움이 되기도 하거니와, 팔다리로 기어다녀 봐야지만 볼 수 있는 풍경이 있고, 들을 수 있는 소리가 있습니다. 받을 수 있는 자극이 그만큼 다양하다는 것이지요. 신체적으로도 도움이 되는 부분이 많습니다. 왼손과 오른손의 협응, 체간 안정성 향상, 손의 사용에 도움이 되는 근육 발달, 시각 탐색 능력 향상 등이 있습니다. 또 기어다니면서 자연스럽게 체중의 중심이 왼쪽으로 쏠렸다가 오른쪽으로 쏠리기도 하는 만큼 체중 지지 능력도 좋아집니다. 그러니 빨리 걸을 수 있다면, 그 전 단계인 배밀이나 기어다니기 과정 같은 건 건너뛰어도 좋다는 말은 틀린 것이지요. 각각 다른 자극과 다른 경험인 만큼 언어에든 혹은 다른 무엇에든 일정 부분 영향을 미치게 마련입니다. 설령 그게 큰 차이는 아니라 할지라도 말이지요.

물론 기거나 걷는 과정은 부모가 완전히 컨트롤할 수 있는 영역은 아닙니다. 아무리 노력하고 신경 쓴다 한들, 기는 과정을 건너뛰고 걷는 아이를 어떻게 하겠습니까. 아이마다 발달 과정은 조금씩 다르고, 어떤 과정은 건너뛰기도 하는 만큼 이 또한 자연스러운 현상이라고 보아야 합니다.

하지만 저는 이를 통해 부모님들이 성장과 성숙에 관해서 한 번쯤 생각해 보면 좋겠습니다. 예를 들어 어느 순간 아이가 **"엄마."**라고 말하기 시작했습니다. 처음엔 모든 부모가 다 기뻐하고 좋아할 겁니다. 그런데 간혹 과정을 서두르는 분들이 있습니다. 아이는 이제 막 '엄마'를 말했을 뿐인데 마음이 급해 **"이제 두 단어를 연결해 보자.", "얼른 세 단어 연결로 가자."** 이런 식으로 자꾸만 '다음 단계, 다음 단계'를 외치는 것이죠.

그런 부모님들께 저는 차근차근 하시라는 조언을 드립니다. 너무 급하게 가지 않아도 괜찮습니다. 아이가 '엄마'를 발음할 때의 기쁨과 즐거움을 충분히 느낄 수 있게 해 주세요. 두 단어 연결에 목을 맬 것이 아니라 더 많은 상황에서 엄마, 아빠를 부를 수 있도록 도와주어 성장의 각 단계마다 경험을 축적해 더 성숙할 수 있도록 도와주어야 합니다. 성장과 성숙이 함께 맞물릴 때 아이의 언어는 훨씬 더 여물어집니다.

Q 자조행동은 무엇인가요?

핵심만 간단히

- 아이가 스스로 혼자 하려고 하는 것을 자조행동이라고 합니다.
- 자조행동 발달 시기가 되면 양육자는 아이가 비록 잘못하더라도 충분히 경험해 볼 수 있도록 하되, 언어로만 도와주는 편이 좋습니다.
- 이 과정이 잘 자리 잡으면 자조행동과 언어가 함께 발달할 수 있는 좋은 기회가 됩니다.

아이의 발달 과정 중에 대근육이나 소근육, 언어 표현, 사회성 같은 건 그 뜻이 어렵지 않지만 자조행동은 조금 낯선 개념이기도 하고, 특히 언어 발달과도 밀접한 연관이 있는 만큼 조금 구체적으로 다루도록 하겠습니다.

당연한 얘기지만 신생아들은 먹고 자고 입고 싸고 등 삶에 필요한 모든 부분에서 반드시 양육자가 필요합니다. 하지만 역시 당연하게도 아이는 성장하면서 삶에 필요한 다양한 영역들을 조금씩 혼자 해 나가야만 합니다. 그 누구도 삶을 대신 살아 줄 수는 없는 법이니까요. 이를 자조행동이라고 합니다. 혼자 옷을 입는 것, 혼자 신발을 신는 것, 혼자 밥을 먹는 것, 혼자 화장실을 가는 것 등을 모두 포함하는데요, 여기서 중요한 포인트는 누구의 도움 없이 혼자 한다는 데 있습니다.

시기별 자조행동 발달표 (출처: 포테이지 아동 발달 지침서)

0~1세	액체를 빨고 삼킨다.	
	유동식을 먹는다.	
	젖병에 손을 뻗친다.	

0~1세	부모가 주는 음식을 잡아당겨서 먹는다.	
	혼자서 젖병을 잡고 먹는다.	
	입 쪽으로 젖병이 향하게 하거나 밀어낸다.	
	부모가 먹여 주는 잘게 부순 음식을 먹는다.	
	부모가 잡아 주는 컵으로 마신다.	
	부모가 먹여 주는 반고형식을 먹는다.	
	손가락을 사용해 스스로 먹는다.	
	두 손으로 컵의 물을 마신다.	
	도움을 받아서 음식을 뜬 숟가락을 입에 댄다.	
	옷을 입혀 줄 때 팔과 다리를 벌린다.	
1~2세	혼자서 숟가락을 사용하여 음식을 먹는다.	
	한 손으로 컵을 들고 마신다.	
	어른을 흉내 내서 물에 손을 담그고 젖은 손을 얼굴에 문지른다.	
	유아용 변기에 5분 동안 앉는다.	
	모자를 쓰고 벗는다.	
	양말을 벗는다.	
	소매에 손을 넣거나 바지에 다리를 집어넣는다.	
	끈을 풀어 주거나 신발 뒤쪽을 눌러 주었을 때 신을 벗는다.	
	단추를 풀어 주었을 때 외투를 벗는다.	
	지퍼를 내려 주었을 때 바지를 벗는다.	
	손잡이가 큰 유아용 지퍼를 올렸다 내렸다 할 수 있다.	
	용변을 보고 싶을 때 간단한 말이나 몸짓으로 의사를 표시한다.	
2~3세	약간 흘리지만 숟가락이나 컵을 사용해 스스로 먹는다.	
	어른이 주는 수건으로 손과 얼굴을 닦는다.	
	빨대를 사용하여 컵이나 잔에 담긴 음료수를 마신다.	
	포크로 음식을 찍는다.	
	음식물만 씹어서 삼킨다.(먹을 수 없는 것은 버린다.)	
	기저귀에 변을 본 후라도 화장실에 가자고 한다.	

2~3세	침을 흘리지 않는다.	
	유아용 변기에 앉혀 놓을 때 일주일에 세 번, 변기에서 대소변을 본다.	
	구두(신발)를 신는다.	
	어른의 행동을 모방하여 이를 닦는다.	
	단추를 풀어 줬을 때 간단한 옷을 벗는다.	
	일주일에 한 번, 낮에 대변을 본다.	
	높이를 맞추어 주면 혼자 정수기에서 물을 마신다.	
	어른이 물을 세면대에 받아 주면 비누를 사용해서 손과 얼굴을 씻는다.	
	낮 동안에 용변을 보고 싶으면 화장실에 가자고 한다.	
	손이 닿는 옷걸이에 옷을 건다.	
	낮잠 자는 동안 소변을 보지 않는다.	
	뾰족한 가구 모퉁이나 난간 없는 층계 등 위험물을 피한다.	
	주의를 주면 식탁에서 냅킨을 사용한다.	
	포크를 사용하여 음식물을 입으로 가져간다.	
	주전자에 있는 물을 혼자서 컵에 따른다.	
	옷에 달린 똑딱단추를 푼다.	
	목욕 시 자신의 팔과 다리를 씻는다.	
	양말을 신는다.	
	외투나 스웨터 셔츠를 입는다.	
	옷의 앞부분을 찾는다.	
3~4세	혼자서 모든 식사를 한다.	
	앞이 트여 있지 않은 옷을 도움을 받고 입는다.	
	주의를 주면 코를 닦는다.	
	7일 중 2일은 잠자리에서 소변을 보지 않고 일어난다.	
	남자아이는 화장실에서 서서 소변을 본다.	
	속옷을 제외하고 옷 입고 벗는 것을 75% 수행한다.	
	옷의 똑딱단추나 후크를 채운다.	
	주의를 주면 코를 푼다.	

3~4세	일상적인 위험물(깨진 유리 등)을 피한다.	
	지시를 내리면 외투를 옷걸이에 건다.	
	지시를 내리면 이를 닦는다.	
	벙어리장갑을 낀다.	
	단추판의 큰 단추나 탁자 위에 놓은 웃옷의 단추를 끄른다.	
	단추판의 큰 단추나 탁자 위에 놓은 웃옷의 단추를 끼운다.	
	장화를 신는다.	
	옷에 엎지른 것을 닦는다.	
4~5세	약물이나 위험물을 피한다.	
	자신이 입은 옷의 단추를 끄른다.	
	자신의 옷에 단추를 끼운다.	
	식탁을 치운다.	
	지퍼를 채운다.	
	손과 얼굴을 씻는다.	
	식사 때 수저를 바르게 사용한다.	
	밤에 자다가 일어나 화장실에 가거나 자는 동안 오줌을 싸지 않는다.	
	스스로 필요할 때 75% 정도로 코를 풀고 닦는다. (코를 완전히 제거하지는 못하고 아직은 코안에 이물질이 남는다.)	
	등, 목, 귀를 제외하고 혼자 씻는다.	
	나이프를 사용하여 빵에 버터를 펴 바른다.	
	바지나 옷에 부착된 벨트를 매거나 푼다.	
	앞이 트인 옷을 혼자서 완전히 입는다.	
	부모가 큰 음식 접시를 돌릴 때 덜어서 혼자 먹는다.	
	언어적 도움을 줄 때 그릇과 수저를 바르게 배치함으로써 상 차리기를 돕는다.	
	혼자 이를 닦는다.	
	용변이 마려울 때 화장실에 가서 옷을 내리고 용변을 본다. 용변을 마치면 화장지로 닦은 후 변기의 물을 내리고 도움 없이 옷을 입는다.	
	긴 머리를 빗는다.	
	옷걸이에 옷을 건다.	

4~5세	보호자 없이 가까운 곳에 있는 친구 집에 놀러 간다.	
	신발 끈을 끼운다.	
	신발 끈을 묶는다.	
5~6세	일주일 동안 책임지고 집안일 하나를 맡아서 수행한다.	
	날씨와 때에 맞는 옷을 고른다.	
	알려 주지 않아도 길에 서서 좌우를 살피고 건넌다.	
	식사 때 스스로 먹고 다른 사람에게 음식 그릇을 돌린다.	
	미숫가루나 코코아를 스스로 타서 먹는다.	
	집안일 한 가지를 맡아서 수행한다(상 차리기, 휴지통 비우기).	
	목욕물 온도를 조절한다.	
	자기가 먹을 샌드위치를 준비한다.	
	혼자서 아주 가까운 놀이터, 상점, 유치원 등에 간다.	
	칼을 사용하여 부드러운 음식을 자른다(핫도그, 바나나, 익힌 감자).	
	공공장소에서 화장실을 찾는다.	
	종이로 된 우유 팩을 연다.	
	쟁반을 집어 들고 음식을 나르고 쟁반을 제자리에 내려놓는다.	
	모자의 끈을 맨다.	
	차에서 안전벨트를 맨다.	

*표를 참조해 아이의 자조행동이 나이에 맞게 잘 발달하고 있는지 확인해 보세요.

자조행동이 또래에 비해 느린 아이들을 보면 그 뒤에는 대체로 성격이 급한 부모님이 있습니다. 답답해서 못 참고 아이가 말하거나 요구하기 전에 먼저 도와주고 마는 겁니다. 대개의 아이들은 자라면서 서서히 '혼자 해 볼 수도 있겠다는 느낌'을 받습니다. 당연히 어설프고 서툴겠죠. 이때 부모의 역할은 아이가 충분히 실패하는 경험을 할 수 있게 해 주되, 그래도 괜찮다는 사실을 알려 주는 것에 있습니다. 그러니 비록 지금 당장은 제대로 해내지 못하더라도 기다려 줘야 합니다. 설령 옷을 뒤집어

입는다거나, 손을 깨끗이 씻지 않더라도 일단 지켜봐 주고 스스로 마음껏 시도하게 해야 합니다. 바쁘다는 이유로, 혹은 제대로 하지 못한다는 이유로 자꾸 개입하게 되면 아이는 의존성이 높아지거나, 혼자 하는 힘이 약해지거나, 자신감이 떨어질 수밖에 없습니다.

그렇다면 부모는 아이가 어떻게 하든, 가만히 지켜보고만 있어야 하는 것일까요? 물론 아닙니다. 행동이 아니라 말로 도와줄 수 있지요. 아이가 뭔가 잘못하고 있으면, **"이제 옷을 올려야지.", "손등에 있는 비누 거품도 씻어 볼까?"** 하는 식의 언어를 통한 도움을 줄 수 있고, 또 이 도움은 아이의 성장에 필요합니다. 다시 말하면 아이의 자조행동을 돕는 행위는 그 자체로 아이의 언어 발달을 촉진할 수 있는 좋은 기회가 됩니다.

문제는 만 3세 정도에 언어 발달이 안 된 상태에서 **"내가 할 거야."** 시기가 왔을 때입니다. 이 시기의 아이들은 고집과 떼가 늘고 무엇이든 자기가 하겠다고 우기는 일이 많아지며 양육자의 손을 거부하기도 합니다. 이때가 바로 자율성과 독립성이 싹트는 시기이기 때문에 자연스럽게 혼자 하려는 욕구가 커지기 마련입니다. 이때 언어가 느리다면 부모가 아무리 말로 해도 이해가 안 되니까 아이는 짜증을 냅니다. 보다 못한 부모가 해 주려고 하면 자기가 하고 싶다고 떼를 씁니다. 이런 상황이 반복되면 어느 순간 아이는 포기하고 의존하면서 결국 언어도 자조행동도 늦어지는 악순환을 초래하게 되지요. 앞에서 신체 발달과 언어 발달이 느슨하게 연결되어 있다고 말씀드렸는데요, 자조행동은 다릅니다. 자조행동은 언어와 닿아 있습니다. 자조행동과 언어는 반드시 같이 갑니다.

Q 아이와 놀아 주기 위한 시간은 얼마나 내야 할까요?

핵심만 간단히

- 연구에 의하면 부모가 하루 20분만 잘 놀아 줘도 아이와 충분히 애착 관계가 형성된다고 합니다. 그 대신 온전하게 집중해서 질 좋은 시간을 보낼 경우에 한합니다.
- 1시간을 건성으로 놀아 주는 것보다 20분을 '잘' 놀아 주는 게 아이의 발달에 훨씬 더 좋은 영향을 미칩니다.

아마 대부분의 부모들이 한 번쯤은 아이와 '많이' 놀아 줘야 한다는 말을 들었을 겁니다. 그런데 여기서 '많이'의 기준은 대체 무엇일까요? 아이가 발달이 늦어 저희 센터에 찾아온 부모님들과 상담을 해 보면 대부분 **"제가 너무 바빠 아이와 많이 놀아 주지 못해서 그랬나 봅니다."** 하며 자책하시곤 합니다. 그러면 저는 이렇게 묻습니다. **"하루에 20분도 시간을 못 내실까요?"** 지금까지는 그렇다고 말한 사람은 없었습니다. 아무리 바빠도 20분 정도는 낼 수 있다는 거죠. 저는 몇 시부터 시간을 낼 수 있는지 여쭤보고는 아예 그 자리에서 매일 같은 시간에 울리도록 알람을 맞춰 드리기도 합니다. 절대 하루도 거르지 않고 그 시간부터 20분은 꼭 놀아 주겠다는 확답과 함께요. 제가 굳이 20분을 말한 데에는 그 나름대로 이유가 있습니다. 아이와 하루에 20분 정도만이라도 온전하게 집중해서 질 좋은 시간을 함께 보내면 충분히 애착 관계가 형성된다는 연구 결과가 있기 때문입니다.

언어 발달도 마찬가지입니다. 많은 부모님이 아이와 충분히 시간을 보내지 못한다고 죄책감을 느끼기도 하고, 미안해하기도 합니다. 사실 세상에 24시간을 온통 아이와 함께 보낼 수 있는 부모님이 얼마나 있겠습니까. 다들 아이를 위해, 가족을 위해 열심히 살아가다 보면 마음껏 놀아 주기란 쉽지 않은 일이지요. 솔직히 말하면 저도 마찬가지입니다. 센터 일에, 학생들 가르치는 일에, 이런저런 외부 강연 등을 하다 보면 하루가 어떻게 지나가는지 모를 정도로 바쁘게 보냅니다. 두 아이의 아빠로서 더 많은 시간을 함께 보내지 못하는 미안한 마음이 들 때도 많습니다. 그 대신 저는 무슨 일이 있어도 첫째와 둘째 모두에게 온전히 몸과 마음을 다해서 최소한 20분씩은 꼭 함께 시간을 보냅니다.

이 책을 읽는 여러분께도 마찬가지 당부를 드리고 싶습니다. 하루 20분이라도 꼭 아이에게 시간을 내십시오. 만약 엄마와 아빠가 모두 20분씩 시간을 낼 수 있다면 20분은 언어 발달 놀이, 20분은 신체 발달 놀이를 해 주면 좋고, 그마저도 힘들어서 하루 20분밖에 시간을 낼 수 없다면 일주일에 3번은 언어, 4번은 신체 발달 놀이를 하는 식으로 계획을 짜도 괜찮습니다. 시간은 흐르는 것이 아니라 쌓인다는 말이 있지요. 지금의 하루 20분은 결코 그냥 흘러가는 시간이 아닙니다. 그 시간은 아이의 성장을 위해 반드시 필요한 최소한의 밑거름입니다.

Q 수용언어와 표현언어는 무엇인가요?

핵심만 간단히

- 수용언어 능력이 높다는 건 상대의 말을 잘 알아듣고 이해한다는 의미이고, 표현언어 능력이 높다는 건 문맥에 맞게 생각, 요구, 의도 등을 잘 말한다는 뜻입니다.
- 이 두 개념은 언어 발달 과정을 이해하는 데 매우 중요한데요, 아이의 언어 발달 정도를 체크할 때도 표현언어와 수용언어를 각각 살펴볼 필요가 있습니다.

아이의 언어 발달 과정을 이해하기 위해서는 우선 수용언어와 표현언어의 개념을 알아야 합니다. 간단하게 말하면 수용언어는 타인의 말을 포함한 신호나 행동 등을 이해하고 받아들이는 기술이고, 표현언어는 자신의 생각이나 느낌, 요구 등을 적절한 낱말이나 문장으로 만드는 기술을 뜻합니다. 수용언어와 표현언어 모두 의미론적 측면, 구문론적 측면, 화용론적 측면으로 나눌 수 있는데요, 학술 용어라 다소 낯설 수 있겠지만 그 뜻은 그렇게 어렵지 않으니 찬찬히 하나씩 알아보겠습니다.

의미론적 측면

수용 - 어휘의 절대량, 즉 얼마나 많은 단어를 알고 있는가?

표현 - 얼마나 많은 단어를 잘 말하는가?

사과라는 물체를 놓고 이를 가리켰을 때 배나 귤로 인식하는 것이 아니라 사과라는 물체로 인식하고 그 의미를 정확히 이해하는가, 또 말할 수 있는가를 뜻하는 개념입니다. 예를 들어 양육자가 **"민우야, 물 가져올래?"**라고 했을 때 이 지시를 수행하려면

'물'이라는 단어, '가져오다'라는 말의 뜻을 알아야만 합니다. 마찬가지로 목이 마를 때도 각각의 단어를 말할 수 있어야 자신의 요구를 정확히 표현할 수 있습니다.

구문론적 측면

수용 - 상대방이 길게 말해도 잘 이해하는가?

표현 - 내 요구나 생각을 정확한 문장으로 말하는가?

구문론적 측면은 알고 있는 여러 단어와 어휘를 잘 조합해 제대로 된 문장으로 말할 수 있는지, 상대방이 문장으로 말했을 때 정확히 이해하는지를 뜻하는 개념입니다. 이를테면 28개월가량의 아이에게 **"공하고 책 가져오세요."**라고 했을 때 언어가 정상적으로 발달하고 있다면 충분히 이해할 수 있습니다. 하지만 수용언어의 구문론적 측면이 부족하다면 책만 가져오거나 공만 가져올 수 있습니다. 같은 맥락으로 **"선생님 손에 있는 공을 책상에 둘래?"** 같은 지시도 수행하지 못합니다.

표현언어에서의 구문 능력도 비슷한 맥락입니다. 만약 아이가 유치원에서 친구와 싸웠다고 가정하겠습니다. 이때 구문 능력이 낮다면 상황을 정확히 표현하지 못하고, 단어로만 말합니다. **"때렸어. 아팠어."** 정도로 말이죠. 보통 구문이 제대로 발달하고 있는지를 확인하기 위해서는 그림을 보여 주면서 **"뭐 해?"**라는 질문을 던져 볼 수 있는데요, 구문 능력이 좋은 아이라면 **"토끼는 밥 먹고, 곰은 놀아."**라고 말할 수 있지만 그렇지 않다면 **"밥 먹어. 놀아."** 정도밖에 표현하지 못합니다.

화용론적 측면

수용 - 상대방의 말을 맥락이나 의도, 상황에 맞게 이해하는가?

표현 - 상대방에게 맥락이나 의도, 상황에 맞게 말하는가?

화용론적 측면은 상황이나 관계에 맞게 상대방의 의도를 잘 이해하고, 그에 맞게 말하는 것을 의미하는데요, 예를 들면 상대방이 한숨을 쉬거나 혀를 끌끌 차면서 **"자알~~한다."**라고 했을 때 이게 정말 잘했다는 말인지, 잘못했다는 의미인지 제대로 파악하고, 그에 맞는 답을 할 수 있어야 합니다. 일례로 언어 발달 문제 때문에 저희 센터에서 치료를 받았던 아이가 있었는데, 그 친구는 초반에 상담하러 오면 문을 열자마자 이렇게 말합니다. **"원장님, 어제 밥 먹었는데요, 맛이 없었어요."** 이 친구는 자신이 어제 밥을 먹었다는 사실에 제가 관심이 있는지 없는지 파악을 하지 못할뿐더러 어디까지 정보 제공을 해야 하는지도 잘 이해하지 못하고 있지요. 화용론적 측면이 발달하지 못한 경우입니다.

결론적으로 언어 발달은 수용언어, 표현언어가 고루 발달해야 하고, 아이의 언어 발달 정도를 살필 때도 이 두 개념을 나눠서 보아야 합니다. 물론 대부분의 경우 수용언어 능력이 발달하지 않으면 표현언어 능력도 낮기 마련입니다. 그런데 수용언어 능력은 정상이지만 표현언어 능력이 낮은 경우는 흔한 편입니다. 언어 발달의 중요한 시기를 놓치고 뒤늦게 센터를 찾아오는 부모님들께 이유를 물어보면 아이가 말만 안 했을 뿐이지 심부름도 잘하고 다 알아듣기 때문에 괜찮을 거라고 생각했다는 분들이 꽤 있는데요, 두 개념을 각각 분리해서 보지 못하면 이런 일이 벌어질 수 있습니다.

Q **놀이 교육을 할 때 아이가 금방 흥미를 잃는 것 같습니다. 원하는 방향으로 끌고 가기도 어렵고요. 아이와 놀이를 할 때 팁이 있다면 알려 주세요.**

핵심만 간단히

- 아이가 놀이에 흥미가 없다면 일단 동기 부여가 필요합니다. 먼저 양육자가 재미있게 노는 모습을 보여 주세요.
- 놀이 교육을 할 때는 지적하지 않아야 합니다. 일단 아이가 원하는 대로 두었다가 조금씩 원하는 방향으로 유도하세요.
- 경쟁 놀이는 3:1 법칙이 좋습니다. 아이가 3번 이기면 양육자도 1번은 이겨야 합니다.
- 놀이에는 무조건 양육자의 오버액션이 필요합니다. 억양은 다양하게, 동작은 과장해서!
- 아이의 흥미가 떨어지면 놀이는 그만하는 것이 맞습니다. 다만 놀이 시작 전에 시간제한을 두었다면 꼭 그 시간을 맞추지는 않더라도 "그럼, 앞으로 세 번만 더 하자." 이런 식으로 처음 정했던 규칙을 지킬 수 있도록 교육해 주세요.

학령기 전의 아이들은 놀이를 통해 학습하고, 놀이를 통해 규칙을 익히고, 놀이를 통해 성장합니다. 그런 점에서 아이와 잘 놀아 주는 것, 아이가 몰입해서 재미있게 놀게 하는 것은 매우 중요합니다. 언어뿐 아니라 모든 영역의 발달도 마찬가지입니다.

그런 점에서 양육자는 어떻게 놀아 주어야 할지 제대로 알고 있어야만 합니다. 놀이의 종류도 알아야 하지만, 놀이 자체를 잘 끌어가기 위해서도 몇 가지 원칙이 있다는 사실을 이해하고 잘 적용해야 합니다. 이 책에 실린 다양한 놀이를 진행할 때는 물론, 다른 놀이에도 적용되는 부분인 만큼 꼼꼼히 읽고, 꼭 활용하기 바랍니다.

동기 부여

놀이를 시작할 때 **"자, 지금부터 시작! 땡~"** 하면 바로 적극적으로 노는 아이도 있지만, 아이의 성향에 따라 흥미를 보이지 않는 경우도 있습니다. 그럴 때 가장 좋은 방법은 양육자가 먼저 재미있게 노는 모습을 보여 주는 것입니다.

저 같은 치료사들도 마찬가지인데요, 아이가 오면 일단 혼자 북 치고 장구 치면서 온갖 재미있는 척을 다 합니다. 동물 장난감을 숨겼다가 찾으면서 **"우와!! 찾았다!! 사자 친구가 여기 있었네~~ 너무 재미있다~~~"** 이런 식이지요. 이 과정을 통해 아이가 자연스럽게 놀이를 하고 싶게 만들어야 합니다. 가정에서라면 훨씬 더 쉬운 방법이 있습니다. 일단 엄마와 아빠가 먼저 '최선을 다해' 재미있게 노는 것이죠. 그러면 아이가 자발적으로 **"나도 할래, 나도!"**라고 말하면서 참여하기 마련입니다. 이렇게 놀이를 시작하면 금방 몰입감도 생기고 놀이의 진행도 훨씬 쉬워집니다.

양육자의 '오버'가 놀이를 살린다

놀이를 진행할 때는 무조건 '오버'해야 합니다. 놀이를 진행할 때도, 아이가 맞혔을 때도, 엄마가 틀렸을 때도 마찬가지입니다. 무덤덤하게 **"맞았네."**라고 하면 아이는 당연히 흥미를 잃습니다. 말의 강약은 물론 음의 높낮이 조절도 필요합니다. 노래를 부를 때라면 중요한 포인트에 강세를 줍니다. **"엉금엉금 기어서 가자."**라는 노랫말이라면 '엉'에 특히 강세를 준다거나, '엉금엉금' 부분에 과장된 팔 동작을 함께 해 주는 식입니다. 이 외에도 색깔 놀이 시에 **"빨간색은 어디에 있을까?"**라고 해야 한다면 아이가 꼭 듣고 인식해야 할 부분인, '빨간'을 강하게 발음해 줍니다.

지적은 절대 금물

놀이는 교육의 일종이므로 어떤 방향이나 의도가 있기 마련입니다. 하지만 놀이의 모든 순간이 의도대로 흘러가지 않을 때도 있습니다. 특히 언어 발달과 관련된 놀이라면 더욱 그렇습니다. 이때 지켜야 할 두 가지 중요한 점이 있습니다. 하나는 아이가 놀이의 규칙과 어긋나는 행동을 해도 이를 지적해서는 안 된다는 것이고, 또 하나는 양육자가 원하는 방식대로 아이를 끌어가려고 해서도 안 된다는 것입니다. 지적과 강제성이 개입되면 아이는 순식간에 흥미를 잃고 더 이상 놀이를 하지 않으려 할 수도 있기 때문입니다. 놀이의 주도성과 자율성은 일단 아이에게 있어야 합니다. 물론 그렇다고 해서 놀이의 규칙이나 의도는 무시한 채 아이가 원하는 대로만 하도록 내버려두면 놀이 자체가 무너지고 말겠지요. 이런 경우 처음에는 아이가 원하는 대로 따라 주다가 서서히 규칙성 안으로 이끌어야 합니다.

주변 환경 정리

아이가 지금 해당 놀이에 온전히 집중할 수 있는 환경을 만들어 주는 것도 필요합니다. 만약 주변에 다른 여러 장난감이 널려 있으면 놀이가 아니라 다른 장난감에 시선을 빼앗길 수도 있겠죠. 이런 가능성을 차단해야 합니다. 보통 발달센터의 치료실 같은 경우는 시선의 분산을 막기 위해 장난감 장에 커튼을 쳐 놓기도 합니다. 지금 해야 하는 놀이에 필요한 교구 외에는 아무것도 보이지 않게 합니다. 가정에서 이런 환경을 만들기는 쉽지 않겠지만 그래도 할 수 있는 한 최대한 정리가 필요합니다.

아이의 세계와 공유할 것

놀이할 때는 아이의 시선에 맞추고, 아이의 생각을 유추하고, 아이의 감정에 공감하고, 아이의 세계를 함께 공유해야 합니다. 놀이할 때 아이처럼 생각하지 않거나 아이의 세계에 빠져들지 않는다면 놀이 시간은 부모 입장에서 즐겁지 않고 심지어 노동이라고 느껴질 수 있습니다. 놀이를 잘 진행하려면 아이의 세계에 온전히 빠져들어야 합니다. 함께 재미있게 놀아 보자는 마음이어야 합니다.

경쟁 놀이를 할 때는 3:1 법칙

놀이를 하다 보면 아이와 양육자가 경쟁하는 놀이도 있습니다. 누가 먼저 빨리 찾는지, 혹은 누가 먼저 말하는지를 겨루는 방식의 놀이가 대표적인데요, 이때 아이가 세 번 이기게 함으로써 흥미를 유발하되 한 번은 양육자가 이겨야 합니다. 아이에게 지는 경험도 하게 해 주는 것이죠. 또 양육자가 졌을 때는 너무 분해하는 게 아니라 좀 덤덤하게 **"아깝네. 음, 그래도 이렇게 하면 이길 수 있을 것 같은데…. 한 번 더 해 보자."** 정도의 태도를 보여 주어야 합니다. 다시 말해서 진다고 해서 그것이 별것 아니라는 것을, 아무렇지 않은 일이라는 것을 알려 주는 것이죠.

간혹 경쟁심이 너무 심한 아이들은 지면 화를 내거나, 놀이를 더 하지 않으려 하거나, 꼼수를 쓰거나, 판을 엎어 버리기도 합니다. 그러다 보면 사회성 발달에 문제가 될 수 있습니다. 지는 걸 아무렇지 않아 하는 양육자의 모습을 통해 놀이에서 져도 괜찮다는 걸 알려 주는 것입니다. 우리는 모두 살아가면서 경쟁이란 걸 해야 합니다. 물론 이기면 좋겠지만 모든 경쟁에서 무조건 이기기만 할 수는 없습니다. 그러니 아이에게 필요한 건 반드시 이기는 기술이 아니라, 설령 지더라도 훌훌 털고 다시 일어설 수 있는 회복 탄력성입니다. 이처럼 '지는 법'을 가르쳐 주는 것이 부모가 놀이를 통해 해야 할 역할입니다. 반대로 양육자가 이겼을 때도 담담하게 **"민우, 아쉽겠다. 엄마는 이렇게 해서 이길 수 있었어. 민우도 다음번에 이렇게 하면 이길 수 있을 거야."** 하면서 일종의 팁을 주면 좋습니다.

흥미가 다하면, 놀이도 끝낸다. 다만 예고는 필요

놀이를 할 때 아이의 반응을 잘 살펴야 합니다. 그만하고 싶어 하면 맞춰 줍니다. 만약 아이가 놀이에 즐겁게 임하는데 시작 전에 시간제한을 두었다면 예고를 해 줍니다. **"세 번만 더하자."**, **"이제 두 번 남았어."**, **"이번이 마지막이야."**라고 말하면서 숫자를 계속 줄여 가고, 끝내야 할 때 반드시 끝냅니다.

이 방법은 시작하기 전에 활용할 수도 있는데요, 보통 산만하고 충동성이 높은 아이의 경우에는 놀이를 끝까지 하지 않으려는 경향이 있습니다. 그럴 때는 처음에 얼마나 할지 미리 정해 주는 게 좋습니다. 반드시 세 번은 할 거라는 의지를 보여 주고, 실제로 그렇게 하는 것이죠. 이런 방식을 통해 조금씩 충동성을 줄일 수 있습니다. 하지만 보통 수준의 아이라면 굳이 시작 전에 이렇게 정할 필요는 없습니다.

성공을 도와줄 수 있는 두 가지 방법

아이와 퍼즐 놀이를 한다고 가정하겠습니다. 그런데 이 퍼즐이 너무 어려우면 아이는 금방 흥미를 잃게 되겠지요. 이때 양육자는 크게 두 가지 방법으로 도와줄 수 있습니다. 하나는 **"퍼즐은 가장자리부터 맞추면 쉽다."**는 식으로 정보를 제공하는 방법입니다. 또 하나는 직접 보여 주는 모델링입니다. 아이가 너무 어려워하거나, 성공하지 못하면 이 두 가지 방법을 적절히 섞어서 사용합니다.

<PART. 2>

0 ~ 12개월

1 • 체크해 보세요

수용

- □ 말하는 사람의 얼굴을 쳐다본다.
- □ 목소리, 표정, 몸짓에서 예뻐하는지, 야단치는지 의미를 이해하고 적절히 반응한다.

  예) **"안 돼."**라는 금지 지시에 행동을 멈춘다.

- □ 이름을 부르면 적절히 반응한다.
- □ 가족, 장난감, 옷, 반려동물, 맘마, 컵, 우유 등과 같은 친숙한 것에 대해 말하면 쳐다본다.
- □ 친숙한 사람이나 물건, 행위를 상황 속에서 이해하기 시작한다.

  예) **"아빠, 어디 있니?"** 하고 물으면 아빠를 찾으려고 두리번거린다.

  "빠이빠이.", **"손뼉 쳐."** **"도리도리."** 등에 반응하고 적절히 몸짓을 한다.

표현

- □ **"아, 우."** 등 서로 다른 모음 소리, **"크, 그, 응."** 같은 소리를 낸다.
- □ 모음과 자음을 결합하여 소리를 낸다. 처음엔 2음절이지만, 점차 음절이 늘어난다.

  예) 야호, 엄마마, 바다다(바다를 보고 바다라고 말하는 것은 아님)

- □ 어른이 어떤 소리를 반복하여 들려주면 모방한다. 단 정확히 모방하지 못할 수도 있다.

  예) 멍멍, 야옹야옹 같은 동물 소리

- □ 말소리에 조금씩 억양이 나타나기도 하고, 타인의 억양을 모방하기 시작한다. 노래 멜로디를 따라 하려 할 수도 있다.
- □ 부모에게 반응하려고 노력한다.
- □ 욕구를 표시하기 위해 손짓이나 말소리를 사용한다.

  예) 물을 '무'라고 표현하거나, 코끼리 코 흉내를 내거나, 새를 표현하기 위해 팔을 옆으로 벌려 휘젓는 등의 행동을 한다.

□ 1~2개 단어의 뜻을 알고 정확하게 사용한다. 대부분 일반 사물 또는 가족 명칭이다.

예) 맘마, 까까, 엄마

□ 3개 이상의 단어의 뜻을 알고 정확하게 사용한다.

2 • 이 시기 언어 발달 자극 방법

0~8개월

아직 제대로 언어를 사용할 수 있는 단계는 아니지만 훗날 언어 발달을 위한 밑거름이 되는 중요한 시기입니다. 양육자, 특히 수유기에는 엄마와 관계를 맺고 신뢰를 쌓아 가는 때이기도 하지요. 보통 아기가 순할 경우 혼자 두고 자기 일을 하는 경우가 많은데, 아기의 울음이나 옹알이에 꼭 반응을 해 주는 것이 좋습니다. 대표적으로 수유 때를 꼽을 수 있는데요, 안아 주고, 눈을 맞추고, 손이나 발을 만지작거리면서 다정하게 말을 건네는 것이 좋습니다. **"우리 아기 배고팠구나. 엄마가 맘마 줄게. 맛있어? 많이 먹고 쑥쑥 자라라."** 등 상황에 맞게 다양한 표현을 쓰면 됩니다.

이 시기의 아기에게 말을 걸 때는

1. 친절하고, 다정한 목소리
2. 음의 변화가 심한 과장된 말투
3. 의성어나 의태어 같은 반복이 많은 말

예) 쑥쑥, 반짝반짝, 떼굴떼굴, 꿀꺽꿀꺽, 깡충깡충

등이 좋고, 엄마, 아빠의 목소리로 노래를 들려주는 것도 도움이 됩니다.

9~12개월

이 시기 아이는 점점 말귀를 알아듣는 것처럼 보이는데요, 죔죔, 도리도리, 짝짜꿍, 곤지곤지 등의 소위 예쁜 짓도 하고 **"엄마."** 혹은 **"아빠."** 하고 부르기도 합니다. 몸짓과 목소리 등 아이는 자신이 할 수 있는 모든 수단을 동원해 의사소통을 시도하는 셈인데요, 이때 양육자는 즉시 반응해 주면서 아이의 표현을 최대한 이해하려고 노력해야 합니다. 그래야 아이의 사회성이 발달하고, 의사소통 능력 역시 성장하기 때문입니다.

또 이 시기의 아이는 엄마와 함께 앉아서 책 보기를 좋아하는데 가능한 한 그림이 많고, 선명한 원색 위주로 된 책을 고르는 것이 좋습니다. 책을 읽어 줄 때 글이 길다면 지문을 그대로 따라 읽지 말고 그림을 설명하는 정도로 간단히 줄입니다. 상황에 따라 아이의 수준에 맞게 읽어 줍니다.

예를 들어 토끼가 나오는 책을 읽어 준다면,
1. 토끼가 있었어요.
2. 토끼가 울어요.
3. 친구가 왔어요.
4. 친구가 "울지 마." 해요.
5. 토끼가 웃어요.
6. 기분이 좋아요.
7. "랄라라~" 노래를 불러요
8. "민우야, 우리도 노래를 불러 볼까? 토끼야, 토끼야, 깡충깡충 어디를 가느냐~"

이런 식입니다. 이렇게 읽어 주다 보면 아기도 **"엄마, 토끼, 잉잉, 갔어."** 하는 식으로 읽기 흉내를 내기도 하고, 몸짓을 사용하기도 하는데, 두 반응 모두 아이의 언어 능력이 잘 발달하고 있다는 뜻입니다.

Q 임신 중에 책을 읽어 주는 것은 언어 발달에 도움이 되나요?

핵심만 간단히

- 아기는 수정 후 28주가 지나면 귀가 만들어집니다. 그때부터 들을 수 있고 청각이 점점 발달합니다.
- 이때 말을 많이 들려주면 아무래도 엄마 아빠의 목소리에 익숙해지겠죠. 언어 발달 측면이라기보다는 정서적인 측면에서 좋다는 연구 결과가 있습니다.

아기는 28주 후부터 조금씩 소리를 들을 수 있게 됩니다. 미국 『사이언스』지에 실린 실험이 있는데요, 막 태어난 영아에게 모국어도 들려주고 다른 나라 언어도 들려주면서 뇌파를 측정했습니다. 그러자 놀랍게도 아이는 오직 모국어에만 뇌파 반응이 일어났다고 합니다. 엄마 뱃속에서부터 언어를 학습한다는 사실이 증명된 셈이지요. 물론 임신 중에 책을 열심히 읽어 준다고 해서 아이의 언어 발달에 엄청난 도움이 되는 건 아닙니다. 다른 연구에 의하면 후천적인 학습에까지 영향을 미치는 것은 아니라는 결과도 있으니까요.

다만 임신 중에 아이에게 부모의 목소리를 많이 들려주면 아이의 정서적인 안정에는 분명 도움이 된다고 볼 수 있습니다. 이제 막 태어난 아이는 세상의 모든 소리가 다 낯설고 두려울 겁니다. 기계음이나 사람들의 말소리, 혹은 이런저런 생활 소음들이 다 그렇습니다. 아이에게는 모든 것이 다 처음이니까요. 그럴 때 아이가 태중에서 친숙하게 들었던 부모의 목소리가 들리면 어떨까요? 조금은 편한 마음으로 세상에 적응하고 안정을 찾을 수 있을 것입니다. 아이가 엄마와 아빠의 목소리에 민감하게 반응한다는 것은 실험으로 증명된 사실이니까요.

보통 아빠 목소리를 많이 들려주는 게 좋다고 하는데, 그것도 맞는 말입니다. 대개 남성의 목소리가 여성보다 저주파라 뱃속에 있는 아이에게 훨씬 잘 들리기 때문입니다.

또 한 가지, 반드시 책을 읽어 줄 필요는 없습니다. 책을 읽어 주려면 아무래도 마음을 먹고 시간을 내야 하는 만큼 오래 하기가 쉽지 않죠. 아직은 대꾸를 하지 못하는 아이에게 일방적으로 말을 거는 것도 한계가 있습니다. 그러니 억지로 무언가를 하려고 하지 말고 그냥 부부가 서로 대화를 많이 주고받기를 권합니다. 여기서 중요한 건 내용보다는 엄마 아빠의 음성, 억양, 말투입니다. 때로 말수가 적은 아버지들도 있을 텐데요, 그럴 땐 그냥 아내에게 하루에 있었던 일을 시간별로 들려주세요. 아침에 밥을 먹었고, 출근해서는 무슨 일을 했고, 점심에는 뭘 먹었고 하는 그런 일상을 말이죠. 그렇게 둘이서 하루에 있었던 일을 두런두런 주고받는 정도로도 충분합니다.

Q 언어 발달을 위한 놀이는 언제부터 시작해야 할까요?

핵심만 간단히

- 1개월 정도부터는 시작하는 편이 좋습니다.
- 다만 이 시기의 놀이 학습법은 월령에 따라 그 방법이 달라야 합니다.

1~2개월: 눈을 마주치며 말 걸어 주기

3~4개월: 상황을 구체적으로 들려주기

5~6개월: 억양을 다양하게 들려주기

7~8개월: 의성어, 의태어 사용을 많이 하되, 입술의 움직임을 보여 주기

9~12개월: 사물과 단어, 사물과 소리를 연결하여 들려주기

아이가 태어난 이후부터 부모는 정말로 바빠집니다. 거의 한시도 눈을 뗄 수 없이 아이를 돌봐야 하는데요, 태어나서 1년 동안 아이는 그야말로 폭풍같이 성장하는 시기입니다. 언어 발달 측면에서 보면 비록 아직 말을 할 수는 없지만, 이 시기에 어떻게 해 주냐에 따라 언어가 빨리 늘 수도 있고, 상대적으로 더디게 늘 수도 있습니다. 그래서 태어난 지 1개월 정도부터 일종의 놀이 학습을 해 주라고 권하는 편입니다. 시기별로 그 방법이 좀 다른데요, 여기서 구체적으로 알아보겠습니다.

1~2개월

이 시기의 핵심은 아이에게 소리가 어디서 나는지를 인지시켜 주는 데 있습니다. 꼭 아이와 눈을 마주치고, 입을 보여 주어야 합니다. 입에서 소리가 난다는 사실에 익숙해지는 게

가장 중요한 목표인 셈이죠. 이 시기의 아이는 누워 있기 때문에 부모의 얼굴, 조금 더 명확하게는 눈을 확실하게 보여 줘야 합니다. 아이가 배고파한다면 정확하게 눈을 바라보면서 **"아~ 배고프구나."** 하면서 수유를 하고, 다 먹으면 역시 정확하게 눈을 바라보면서 **"맛있게 많이 먹었니?"**, 칭얼거리거나 보채면 역시 눈을 바라보면서 **"엄마, 여기 있어."** 이런 식으로 반응해 줘야 합니다. 이를 통해

1. 아이에게 정서적 안정감을 주고,
2. 사람의 입에서 소리가 난다는 사실을 깨닫게 해 주고,
3. 사람과 사람은 기본적으로 서로 얼굴을 마주 보면서 이야기한다

와 같은 대화의 기초를 무의식적으로 심어 줄 수 있습니다.

3~4개월

이 시기에는 컥컥거리는 느낌의 목 울림소리를 주로 내곤 하는데요, 비둘기 울음소리와 비슷하다고 해서 '쿠잉cooing'이라고도 하고, 초기 옹알이라고도 부릅니다. 이때도 역시 아이의 눈을 보면서 말하는 기본 원칙은 그대로 가져가되, 아이에게 최대한 상황을 구체적으로 표현해 주는 편이 좋습니다. 기저귀가 젖어 있다면 **"기저귀가 젖어 있어서 엄마를 불렀구나. 이제 엄마가 기저귀 갈아줄게."** 이런 식으로 이야기해 주는 겁니다. 아이에게 수유를 할 때도 이런 말을 덧붙여 주세요. **"이제 밥 먹을 시간이 됐구나. 엄마가 맘마 줄게. 맛있게 먹자~"**

4~6개월

본격적으로 옹알이를 하기 시작하는 때입니다. 아이는 이제 혀를 움직이고, 성대를 조절하는 느낌을 조금은 알게 됩니다. 자신의 감정을 소리의 높낮이로 표현하기도 하지요. 그냥 조금 칭얼거릴 때도 있지만, 아주 센 울음을 보일 때도 있고, 흔히 말하는 돌고래 소리를 내기도 합니다. 이 모든 과정이 전부 성대를 통해 높은 소리도 내 보고 낮은 소리도 내 보면서 스스로 연습하는 행동입니다. 자신의 입에서 소리가 나온다는 사실을 깨닫고 스스로 소리를 조절하면서 흥미를 느끼기도 하지요. 이렇게 소리를 내는 데 재미를 느낀다는 말은 동시에 소리를 듣는 행위에도 흥미가 있다는 뜻입니다. 그래서 이즈음에는 소리가 들리는 쪽으로 고개를 돌리며 관심을 보이는 경우가 많습니다.

이 시기의 양육자는 '눈을 마주치면서 이야기하기'에 더해서 '상황을 구체적으로 표현하기'의 원칙은 그대로 가져가되, 여기에 더해 다양한 억양으로 이야기를 해 주는 게 핵심이라고 할 수 있습니다. 이제 부모님은 소프라노도 되었다가 알토도 되었다가 해야 합니다. 가능한 한 초고음도 내고, 초저음도 내 보세요. 뮤지컬 배우처럼 이야기해 보기도 하고, 귀에 대고 아주 작게 소곤소곤 말을 들려주기도 해 보세요. 그런 다양한 소리를 통해 아이는 '소리가 높다/낮다/크다/작다'라는 개념을 조금씩 이해하게 됩니다.

7~8개월

이 시기의 아이는 여러 음절을 반복할 수 있게 됩니다. 주로 'ㅁ, ㅂ, ㅃ, ㅍ' 소리를 내는데요, '엄마', '아빠', '맘마', 혹은 '아바바바', '맘마마마' 등 입니다. 이 발음들은 모두 입술을 붙였다 떼면서 내는 입술소리, 즉 양순음이라는 공통점이 있습니다.

또 이 시기에는 아이의 호기심도 자라고, 소리도 좀 더 명확하게 구별할 수 있게 됩니다. 이 이전에는 익숙한 소리와 아닌 소리 정도로만 파악할 수 있었지만, 이제부터는 장난감 소리인지, 주변 환경음인지, 엄마의 목소리인지 정확하게 알 수 있습니다.

보통 이 시기에 의성어나 의태어를 많이 들려주라고 하는데요, 꼭 알아야 하는 점이 있습니다. 의성어나 의태어를 들려주되 동시에 입 모양, 정확하게 말하면 입술의 움직임을 함께 보여 주어야 합니다. 의성어나 의태어를 들려주라는 이유도 실은 여기에 있습니다. 같은 말이 반복되는 만큼 아이 입장에서는 입 모양에 따라 어떤 소리가 나는지 좀 더 관찰하기 쉬워지기 때문입니다. 반짝반짝, 깡충깡충, 개굴개굴, 으쓱으쓱 같은 발음이죠. 그러니 이왕이면 입을 크게 크게 벌리면서 발음해 주는 게 더 좋겠죠. 이런 과정을 통해 아이는 '입 모양이 이렇게 바뀌면서 이런 소리가 나오는구나.' 하는 사실을 조금씩 깨닫게 됩니다.

9~12개월

이제 서서히 단어와 비슷한 말이 들리기 시작합니다. 이때부터는 사물과 소리를 연결하여 주면 좋습니다. 컵을 들면서 **"컵."**, 자동차 장난감을 가리키면서 **"자동차."**라고 말하는 등 사물의 이름을 기억할 수 있게 해 주고, 동시에 **"자동차 빵빵."**, 컵을 들고는 마시는 시늉을 하면서 **"물을 꿀꺽꿀꺽."**처럼 어떤 물건의 이름, 관련된 소리, 용도, 의미를 알려 주세요. 또 지금까지 단순한 의성어만 사용했다면 이때부터는 최대 두세 문장까지는 이야기해 주어도 좋고, 형용사, 동사, 부사를 들려주어도 좋습니다. 단

문장이 너무 길면 아이에게는 단순한 소음에 그칠 수 있으니 최대한 짧게 해 주세요. **"빨간 차가 간다. 차가 쌩쌩 간다."**, **"목이 말라. 그럼 물을 마셔. 꿀꺽꿀꺽 마시자."** 이런 정도의 느낌입니다. 덧붙여 9~12개월 정도의 시기는 운동 발달 측면에서 보면 기어다니거나, 걸어다니는 시기인데요, 아이가 돌아다니면서 손가락으로 가리키는 사물이 있다면 적극적으로 이름을 말해 주고, 물과 관련이 있는 동사를 활용해 문장을 구성해 보세요. 만약 반려동물이라면 **"강아지야. 멍멍 강아지. 만지면 안 돼."**처럼 말하고, 풍선이라면 **"풍선이야. 후후 바람을 불면 커져."** 등입니다. 이렇게 하면 언어 발달에도 도움이 될 뿐 아니라 행동 자체에도 흥미를 느껴 운동 발달에도 도움이 될 수 있습니다.

Q 주위의 어떤 아이는 8개월에 '아빠, 엄마, 맘마'를 얘기했는데 우리 아이는 10개월인데도 아직 못 했습니다. 너무 느린 걸까요?

핵심만 간단히

- 8개월에 엄마나 아빠를 했다는 건, 엄마 아빠를 불렀다기보다 음절성 반복 옹알이일 가능성이 큽니다. 보통은 12개월 전후에 하기 마련입니다.
- 설령 옹알이라 할지라도 적극적으로 반응해 주면 언어 발달에 도움이 됩니다.

이 시기에 양육자들이 특히 많이 착각하곤 하는데요, 보통 사례 면담을 해 보면 **"우리 아이는 7개월에 '엄마'를 했어요."**, 혹은 **"8개월에 '아빠'를 했어요."**라고 말씀하시는 분들이 많습니다. 사실 오해하기 좋은 시기이긴 한데요, 이때 아이가 엄마 혹은 아빠를 부르는 건 대부분 음절성 반복 옹알이입니다. 아이가 옹알이로 **"엄마마마"**라고 한 걸 가지고 **"우리 아이가 엄마를 했어!"** 이렇게 오해하는 것이죠. '엄마를 (발음)했다'라고 정의하려면 아이가 명확한 의도를 가지고 정확하게 엄마라고 불러야 합니다. 예를 들면 아이가 목이 마를 때 엄마나 혹은 주위에 있는 누군가를 가리키면서 **"엄마."**라고 부를 때 비로소 '엄마'를 지칭했다고 할 수 있습니다. 이렇게 명확한 의도 없이 그냥 반사적으로 '엄마'라고 내뱉는 것은 단순 옹알이라고 보아야 하고요. 물론 아이가 반복 옹알이로 엄마나 아빠를 불렀을 때도 **"우리 민우가 엄마를 불렀구나. 그래, 엄마 여기 있어. '엄, 마', '아, 빠.'"** 이런 식으로 반응해 주면 분명히 도움은 됩니다. 다만 시기는 아닐 수 있다는 것이지요. 그러니 아이가 10개월 되어도, 엄마나 아빠를 하지 못했다고 해서 전혀 걱정할 문제는 아닙니다. 보통 12개월 전후로 하기 마련이니 꾸준히 언어 자극을 주면서 좀 더 기다려 보기 바랍니다.

Q 어린이집에 빨리 보내면 언어도 빨리 성장한다는 말이 있는데 사실인가요? 어린이집에 보내기에 가장 좋은 시기는 언제인가요?

핵심만 간단히

- 반드시 그렇다고는 할 수는 없지만 가능성은 분명히 있습니다.
- 다만 전문가들은 애착 기간이 끝나는 24개월 정도를 권장합니다. 이보다 더 늦게 보내는 것은 바람직하지 않다고 보는 편입니다.

빠르면 3개월부터 어린이집에 보내는 가정도 있지만 보통은 1년 전후로 보내는데요, 사실 어린이집에 보내게 되는 것은 부모의 계획이라기보다는 현실적인 문제로 인해 시기가 결정되는 경우가 많은 것 같습니다.

우선 어린이집에 보내는 것이 필수 조건이라고 할 수는 없지만 언어를 비롯한 다른 발달에 도움이 될 가능성은 분명히 있습니다. 어쨌든 가정보다는 다양한 환경이 주어지고, 의무적으로 다양한 경험을 할 수밖에 없기 때문인데요, 언어 발달 측면에서 가장 좋은 환경은 아이가 어린이집에서도 언어 자극을 받고, 가정에서도 양육자가 열심히 놀아 주는 경우입니다. 언어가 빨리 성장하려면 아무래도 질적인 부분에서 좋은 자극을 받는 것도 중요하지만 양적인 부분도 중요합니다. 그러니 가정에서만 자극을 받는 경우보다는 어린이집에서는 어린이집대로 언어 자극을 받고, 하원 이후에 엄마나 아빠와 이런저런 놀이를 할 수 있으면 환경 자체가 둘로 나뉘는 만큼 이득인 부분이 분명 있습니다. 다시 말해 어린이집을 다니긴 하지만 엄마 아빠를 비롯한 양육자가 늦게까지 일을 해야 하는 환경이라 가정에서는 전혀 언어 자극을 받을 수 없는 아이보다는 어린이집과 가정 양쪽에서 다양하게 언어 자극을 받는 아이가 언어도 좀 더 빨리 성장할 가능성이 크다는 것입니다.

다만 아이의 정서적인 측면을 고려했을 때 가장 권장하는 시기는 24개월 전후입니다. 아이의 애착 기간이 보통 24개월까지인데 보통 어린이집은 최소 3대 1 보육입니다. 그러니 어린이집에 일찍 보내게 되면 아이 입장에서는 경쟁자가 2명이나 더 있는 셈이죠. 또 시설에 따라서는 경쟁자가 그 이상이 될 수도 있으니 애착 관계 형성이 힘들어질 수 있습니다.

더 늦게 보내는 것도 별로 추천하지 않는데요, 일반적으로 부모가 아무리 노력해도 자신이 알고 있는 부분까지만 자극을 줄 수 있습니다. 집이라는 환경의 한계 때문에 똑같은 어휘만 반복할 수밖에 없지요. 그런데 어린이집을 가면 환경이 바뀌고, 사람이 바뀌는 만큼 친구들에게도 배우고, 선생님께도 배웁니다. 특히 24개월 정도면 또래 친구들을 통해 배우는 게 더 많아지는 시기이기도 합니다. 그런 점에서 어린이집 보내는 시기가 24개월에서 너무 늦어지면 사회성에 문제가 생길 수도 있습니다.

Q 엄마와 아빠가 스타일이 다른 만큼, 엄마는 엄마대로 아빠는 아빠대로 놀아 주는 게 성장 발달에 좋다는 얘기가 있는데요. 언어도 그런가요?

핵심만 간단히

- 언어도 그렇습니다.
- 다른 장소, 다른 사람을 통해 아이는 더 많은 자극을 받을 수 있습니다. 엄마나 아빠 한 명이 매일 놀아 주는 것보다 엄마와 아빠가 각각 놀아 주고, 함께도 놀아 주고, 여건이 된다면 삼촌이나 이모도 놀아 주는 편이 훨씬 좋습니다.
- 단, 각자의 스타일대로 놀아 주더라도 양육관 자체는 통일해야 합니다.

가끔 할머니나 할아버지 들이 요즘 엄마 아빠 들을 향해 **"애는 그냥 놔둬도 잘만 크는데 왜 그렇게 신경 쓰니?"**라고 말씀할 때가 있을 텐데요, 이 말은 분명 일리가 있습니다. 예전에는 대부분 대가족이거나 가족 구성원이 다양하게 모이는 환경이었기 때문입니다.

하지만 지금은 사회 구조가 변화하면서 예전과는 많은 부분이 달라졌습니다. 아이가 접하는 환경도, 사람 구성원도 다릅니다. 이는 아이의 발달 상황과 깊은 관련이 있습니다. 예를 들어 아이가 만나는 사람의 숫자는 발달에 매우 큰 영향을 미치는데요, 엄마와 아빠와 자녀 1명이 있는 가정이라고 친다면 아이가 경험할 수 있는 관계는 엄마와 있을 때 1번, 아빠와 있을 때 1번, 엄마와 아빠가 함께 있을 때 1번 이렇게 총 3번밖에 되지 않지요.

그런데 여기에 삼촌이 한 명 더 낀다면 어떻게 될까요? 경우의 수가 무려 7번으로 늘어납니다. 이를 사회적 경험 지수라고 하는데요, 이렇게 사회적 경험 지수가 높으면 높을수록 아이는 너무나 자연스럽게 여러 경우의 사회성, 여러 경우의 자극, 여러 경우의 상호작용을 통해 알아서 배우게 됩니다. 여기에 이모, 할머니, 할아버지까지 있다면 사회적 경험 지수는 몇 배로 늘어나지요. 옛날에는 알아서 잘 컸다는 말씀이 결코 틀린 말이 아닌 이유입니다.

앞에서 어린이집에 보내면 언어가 빨리 늘 가능성이 있다는 것도 비슷한 맥락입니다. 언어도 따지고 보면 자신을 나타낼 수 있도록 반복해야 하는 습관인데요, 아이가 매일 엄마나 아빠와만 있으면 비슷한 언어 습관, 비슷한 어휘만 경험하게 됩니다. 하지만 어린이집에 가면 선생님의 언어, 또래 아이들의 언어를 다양하게 경험할 수 있겠죠.

아이의 언어가 잘 성장하다가 어느 순간 더뎌진다면 보통 언어 전문가들은 '사람 바꾸기', '장소 바꾸기' 등 경험 조건에 변화를 주는 것을 추천합니다. 새로운 사람을 만나 시간을 보내거나, 가 보지 않았던 새로운 장소에 가서 다른 경험을 할 수 있도록 유도하는 것입니다.

따지고 보면 이 모든 것이 다 일맥상통하는 이야기입니다. 코로나 시기에 태어난 아이들이 그 이전에 태어난 아이들에 비해 인지 발달이 느린 경우가 많다는 결과가 있는데요, 학자들 사이에서는 아이들이 사람을 만나지 않고 너무 가정에만 갇혀 지냈기 때문이라고 추정하고 있습니다.

물론 요즘 같은 시대에 아이의 사회적 경험 지수를 높이는 게 환경적으로 쉽지는 않은 일입니다. 그런 만큼 엄마나 아빠 중에서 한 명이 전담해서 매일 아이와 놀아 주기보다는 엄마는 엄마대로 놀아 주고, 아빠는 아빠대로 놀아 주고, 엄마와 아빠가 함께도 놀아 주는 식으로 방식을 다양하게 하는 편이 훨씬 좋습니다.

한 가지 덧붙이자면, 요즘엔 이런저런 이유로 할머니나 할아버지가 아이를 돌봐 주는 경우도 많지요. 이것도 나쁘다고 할 수는 없지만 이때 엄마, 아빠의 육아 방식에 비해 너무 허용적이거나, 혹은 서로 간에 양육 갈등이 있으면 아이가 혼란스러워하면서 문제의 소지가 될 수도 있습니다. 각자 스타일대로 놀아 주면서 개개인의 개별성은 살리는 것은 좋지만, 서로간의 양육관은 일치시킬 필요가 있습니다.

예를 들어,

아이가 잘못했을 경우 어떻게 혼낼 것인가?

- 설명 없이 혼내기 않기, 혼낸 뒤 생각할 시간을 주고 앞으로 어떻게 하면 좋은지 대화로 마무리하기

놀이나 일상에서 언제 개입할 것인가 ?

- 요구하기 전에 먼저 해 주지 않기, 일단 스스로 하게 한 뒤에 도움을 요청하면 그때 개입하기

이런 식으로 양육자들 간에 일종의 양육 원칙을 정해 둬야만 합니다.

Q 아이가 아직 말은 하지 못하는데도 부모가 서로 싸우거나 짜증 내는 경우가 많으면 언어 발달에 부정적인 영향을 미칠까요?

핵심만 간단히

- 아이는 생후 3개월이 지나면 억양을 느끼고 구분할 수 있습니다.
- 다툼 과정에서 일어나는 발화들은 언어 발달보다는 심리나 정서 부분에 좋지 않은 영향을 미칩니다. 게다가 감정 대립 역시 언어 소통 방식의 하나라고 정의할 수 있으므로 부모의 부정적인 관계는 아이의 언어 발달과 무관하지 않다고 보는 것이 일반적입니다.

부부 사이에 이런저런 이유로 말다툼을 할 때가 분명 있지요. 보통 아이가 좀 자란 경우라면 아이가 있을 땐 의식적으로 참고 넘어가기도 하지만, 12개월 미만일 때는 '아직 말도 못 하는 데 뭘 알겠어?'라고 생각하고 그다지 조심하지 않는 분들도 많습니다. 하지만 생후 3개월만 지나면 비록 구체적인 대화의 내용은 알 수 없다 하더라도 사람의 억양이나 표정은 충분히 느낄 수 있습니다. 엄마 아빠가 다정하게 이야기하는지, 표정이 밝은지 등을 인지할 수 있고, 만약 부부간에 다툼이 잦다면 불안을 느끼기도 합니다.

이를 뒷받침하는 대표적인 사례로 '시각 절벽 실험'을 들 수 있습니다. 6개월~14개월 사이의 아이들 36명을 대상으로 진행한 실험인데요, 바닥을 유리로 만들어 낭떠러지인 것처럼 꾸몄습니다. 이 정도 월령이 되면 무서움을 인지할 수 있기 때문에 의도적으로 그렇게 만들어 놓은 것이죠. 그다음에 엄마가 반대쪽에 서서 아이를 부릅니다. 이때 엄마가 밝게 웃는 표정으로 아이의 이름을 부르면서 건너오라고 하면 아이는 무서워하면서도 엄마를 믿고 건너가는데, 웃지 않은 채 무표정한 얼굴로 건너오라고 하면 대부분의 아이들은 건너오지 않았습니다. 이를 통해 정도에 차이는 있을지 몰라도 엄마의 표정이 아이에게 영향을 미친다는 사실을 알 수 있습니다.

또 12개월 미만이라면, 엄마와 아빠가 싸우는 원인이 자기 때문이라고 오해하기도 합니다. 이 시기의 아이는 자신이 모든 행동의 기본적인 원인이라고 보는 자기중심적인 인과성 개념만을 가지고 있기 때문입니다. 미국 로체스터 대학교, 미네소타 대학교, 노터데임 대학교 공동 연구팀의 연구 결과에 따르면, 부부가 전화로 싸우는 모습을 본 아이의 소변을 검사해 봤더니 스트레스 상황 때 이를 억제하기 위해 분비되는 코르티솔 수치가 높아지는 것으로 나타났습니다.

이런 요인들이 언어 발달과 직접적인 관련이 있다고 할 수는 없지만, 심리적인 부분, 정서적인 부분에 영향을 주는 것은 명백합니다. 심해지면 부모에 대한 신뢰가 무너지면서 관계 구축에 문제가 생기고, 최악의 경우 우울증에 빠질 수도 있습니다.

앞에서 언어는 다양한 영역과 연결되어 있다는 말씀을 드렸습니다. 언어가 발달하면서 정서적으로 더 안정될 수도 있고, 언어가 늦어져 사회성이나 정서에 문제가 생길 수도 있습니다. 이 말은 정서적인 부분에 문제가 생기면 언어에도 영향을 미칠 수 있다는 의미이기도 합니다.

관련 내용을 뒷받침하는 사례도 많은데요, 아이가 정서적으로 불안정하거나, 두려움에 말을 더듬거나, 비난받는 것이 무서워 말을 하지 않는 등의 문제가 있어 이유를 살펴보니 대부분 부모가 원인이었습니다. 어린 시절 부모의 신경질적인 반응을 겪었거나, 엄격한 부모 밑에서 억압을 당했거나, 냉소적인 대우를 받았던 것이 결국 문제 행동으로 이어진 것이었죠.

언어란 단순히 말을 잘하는 것을 넘어, 사람과 사람 간의 소통입니다. 심리적으로 불안한 아이가 타인과 원활하게 소통하기 힘들다는 건 어쩌면 당연한 일입니다. 저의 상담 사례를 하나 말씀드리면, 행동 문제 때문에 센터를 찾은 부모와 아이가 있었습니다. 그 친구는 또래 아이들이나 부모님을 비롯해 상대방이 자신을 조금만 부정적으로 대하거나 잘못된 행동을 하면 너무 쉽게 울고 짜증을 내곤 했는데, 그 정도가 아주 심했습니다. 일반적인 아이의 경우 어느 정도 월령이 올라가면 설령 자신에게 다소 불편한 상황이 생기더라도 바로 울거나 짜증을 내지는 않습니다. 상황을 보거나, 다른 의사를 표현하기도 하면서 상대방의 반응을 기다리는 편인데요, 이 친구는 부정적인 감정 표출이 너무 많고 또 빨랐던 것이죠. 부모님은 아이가 지금보다 더 어렸을 때부터 키우기 힘들었다고 표현할 정도였습니다.

그런데 세 사람의 관계를 세세히 따지고 들어갔더니 결국 이 또한 원인은 부모, 좀 더 정확하게 말하면 부부간 관계의 문제였습니다. 아이가 신생아 때부터 거의 매일 고성이 오갔고, 심지어 아이가 자신들 주변에 있는 상황에서도 서로에 관한 부정적인 감정을 마구 쏟아냈던 것이죠.

그러다 보니 아이는 언제 다툼이 일어날지 모르는 상황에 늘 처해 있었습니다. 상담을 받을 때에도 자주 불안해했고, 다른 사람의 눈치를 살피는 버릇도 있었습니다. 부모의 갈등이 자신 때문에 비롯된 것으로 착각하고, 스스로 자책하며 자신감을 잃고 위축된 심리 상태를 유지하게 된 기간도 길어 보였습니다. 그래서 작은 일에도 참지 못하고 충동적인 행동을 했고, 주의가 산만하고, 폭력적인 행동을 보이기도 했습니다.

부모가 부부 싸움을 하고 난 이후 저조한 기분을 그대로 아기에게 퍼부은 것도 문제였지만, 아이를 대하는 태도에서도 어떤 날은 온화했다가 어떤 날은 억압적으로 대하는 등 일관성이 없었던 것도 문제였습니다. 아이는 부모의 태도를 통해 옳고 그름을 익히는데, 부모가 너무 변덕스러우니 가치관에 혼란이 올 수밖에 없었겠지요. 3세 이전의 아기라도 잘잘못은 분명한 목소리로 알려 주는 것이 필요한데, 부모가 수시로 목소리를 높이게 되면 아이는 부모의 화내는 목소리에 무감각해지거나 막연한 두려움만을 느끼게 되어 올바른 가치관을 형성할 기회를 갖지 못하기 마련입니다. 이 친구 역시 그랬습니다. 저는 아이의 치료도 치료지만, 그 부모님께도 부부 상담을 받아 볼 것을 권했습니다. 부부 사이의 관계가 개선되지 않으면 아이의 상태는 결코 나아지지 않을 것임이 너무 명확했기 때문입니다.

물론 이건 아주 특수한 경우입니다. 일반적으로 부부 사이에 어쩌다 한 번 발생하는 말다툼이 아이에게 그렇게 큰 영향을 주지는 않습니다. 하지만 부부 싸움이 너무 일상적이거나, 지나치게 잦아서 아이가 있건 말건 신경도 쓰지 않는 지경까지 이르렀다면 조금 조심하시라는 당부를 드리고 싶습니다. 지금의 다툼이 아이의 삶에 부정적인 영향을 미칠 수도 있는 일이니까요.

Q 저희 부부는 말수가 적은 편인데, 아이 언어 발달에 안 좋을까요? 그렇다면 차라리 음악이나, 교육용 어플, 라디오 등을 통해 다른 소리를 들려주면 도움이 될까요?

핵심만 간단히

- 아무런 도움이 되지 않습니다.
- 아이 수준에 맞게 동화책을 읽어 주는 어플 같은 것도 마찬가지입니다.
- 아이의 언어 발달의 핵심은 아이와의 상호작용에 있기 때문입니다.

우선 분명한 사실 하나는 아이는 결국 들은 만큼 나옵니다. 그래서 아이의 언어 발달은 부모가 얼마나 말을 많이 해 주느냐에 달려 있다고 해도 과언이 아닙니다. 이는 다양한 연구로도 증명되었는데요, 월령 20개월인 아이들의 행동 양태를 관찰해 보니, 엄마가 해 주는 말을 많이 들은 아이들은 그런 경험을 하지 못한 아이들에 비해 평균 131개 정도 더 많은 단어를 알고 있었다고 합니다. 보통 20개월 아이의 평균 사용 단어는 100개 정도입니다. 그런데 아이들을 2개 군으로 나누어 확인해 보니, 평소에 부모가 말을 잘 해 주지 않은 아이들이 평균 50개 정도의 단어를 알고 있었다면 말을 많이 해 준 아이들은 평균 181개의 단어를 사용하더라는 겁니다.

그런데 여기에 아주 중요한 전제가 있습니다. 말을 많이 들려주는 것도 필요하지만 진짜 핵심은 '어떤 말을 들려주느냐'에 있습니다. 이제 막 엄마나 아빠, 맘마 정도를 말할 수 있는 아이에게 너무 어려운 말, 이해하기 힘든 불필요한 말을 많이 하게 되면 단순히 언어의 양만 많아질 뿐 전달성은 떨어지므로 큰 도움이 되지 않습니다. 다시 말해 부모가 너무 말이 적으면 언어 발달이 더딜 수 있지만, 그렇다고 부모가 수다쟁이라고 해서 반드시 좋다고도 할 수는 없습니다. 12개월 정도 되는 아이가 잘못해서 컵을 깨뜨렸을 때 **"컵 깨뜨리면 어떡해. 잘못하면 발 찢어질 뻔했잖아. 그러면 병원 가서 발 꿰매고 주사 맞아야 할 수도 있어."**라고 말하는 것보다 **"위험해. 아야 해."**처럼 말하는 것이 아이의 언어 발달 측면에서 훨씬 효과적입니다.

또 하나, '어떤 말을 들려주느냐'보다 더 중요한 원칙이 하나 있는데요, 바로 아이와 어떻게 상호작용을 할 것인가 하는 점입니다. 이 상호작용이 가장 우선순위에 있습니다. 다시 말해 아이에게 일방적으로 들려주기만 하지 말고, 서로 말을 주고받아야 합니다. 결국 언어가 잘 발달하려면 아이에게 필요한 말을 많이 들려주되, 동시에 아이에게 말할 기회를 주어야 합니다. 때로 아이에게 질문을 던지기도 하고, 아이가 한 말을 반복하면서 계속 대화를 유도해야 한다는 것이죠. 이를테면 이맘때 아이들이 '까꿍 놀이' 좋아하죠. 보통 까꿍 놀이를 어떻게 하나요? 숨어 있다가 **"까꿍."** 하면 아이가 까르르 웃습니다. 양육자는 그 반응을 본 다음 다시 까꿍을 이어 갑니다. 그런데 아이가 반응을 하건 말건 '까꿍'만 기계적으로 계속 반복한다고 생각해 보세요. 이걸 놀이라고 할 수 있나요?

언어도 마찬가지입니다. 아이가 아직 어려서 말을 제대로 하지 못한다고 해도 원칙은 변하지 않습니다. 엄마가 말을 들려주고, 아이의 반응을 기다려 주고, 아이가 꼭 말이 아니라 표정이나 몸짓으로 표현하면 호응해 주는 이런 과정이 필요합니다. 이른바 턴 앤드 테이킹, 순서 주고받기가 필요합니다.

결론적으로 음악이나 교육용 사이트, 라디오 등은 아이의 언어 발달에 별로 도움이 되지 않습니다. 아이의 수준에 맞는 동화책을 읽어 주는 어플 같은 것도 그렇습니다. 이것들은 모두 어떠한 상호작용도 할 수 없기 때문이지요. 그러니 양육자가 직접 노래를 불러 주고, 직접 말을 들려주는 것이 가장 좋습니다. 이때도 그냥 노래만 부를 게 아니라 아이의 반응을 살펴야 합니다. 예를 들어 〈나비야〉를 불러 준다면 무조건 음정 박자에 맞춰서 노래만 부르는 게 아니라, 반복되는 '나비야' 부분의 억양을 각각 다르게 한다거나, 특정 부분을 반복하는 식으로 변형할 수 있습니다. 예를 들어 '이리 날아오너라' 부분에서 아이가 웃거나 반응을 보였다면 그 부분을 여러 차례 다시 불러 아이에게 언어 자극을 주는 것이지요.

결국 아이를 향한 모든 언어 자극은 상호작용이라는 굳건한 토대 위에서 이루어져야 합니다. 그게 없으면 어떤 말도, 어떤 노래도 그저 모래 위에 지은 누각일 뿐입니다. 금세 와르르 무너지거나, 아이에게 닿지 못합니다.

1 없다 있다 놀이

목표 이 놀이의 목표는 사물의 명칭을 파악하는 데 있습니다. 다만 이 놀이에서 사물의 정확한 명칭을 알려 주는 건 중요하지 않습니다. 모든 사물에는 그것을 지시하기 위한 명칭이 있다는 사실 자체를 알려 주는 것이 핵심입니다. 이 시기의 아이는 아직 말을 하지 못할 때이므로 발화하도록 시키지 않아도 좋습니다. 그저 들려주는 것만으로 충분합니다.

이 놀이의 또 다른 목표는 사물 영속성을 이해하는 능력을 키워 주는 것입니다. 예를 들어 과자가 수건 등에 가려 시야에서 사라지더라도 그 사물이 여전히 존재한다는 것을 아이가 이해할 수 있도록 하는 것입니다. 초기 인지 발달에 중요한 영역입니다.

준비물 수건, 아이가 좋아하는 물건들, 팝업북으로 대체 가능

놀이 방법

① 아이가 좋아하는 다양한 물건을 수건으로 덮는다. 흥미를 유발하기 위해 미리 보여 주지 않는 편이 좋지만, 반드시 그래야만 하는 건 아니다.

② 수건을 덮으면서 **"없다~~~~"**라고 말한다.

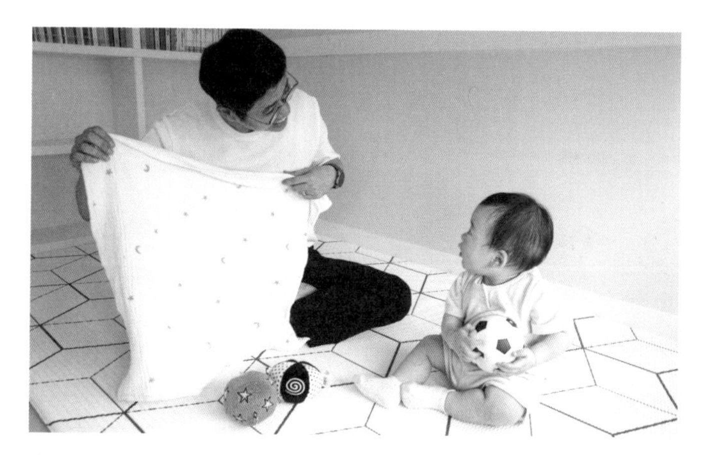

③ 그다음 수건을 벗기면서 **"있다!"**라고 외친 뒤 사물의 이름을 말해 준다.

- 이때도 과장된 말투와 액션은 필수!

원쌤의 팁

- 수건은 누가 벗기건 상관없습니다. 아이가 원하면 벗기게 해 주어도 되고, 만약 아이가 하지 않거나 아직 잡고 빼는 것이 안 된다면 부모가 해 주면 됩니다. 아이의 성향이나 발달 과정에 맞춰 적용하세요.

2 아이 말 따라 하기

목표 의사소통의 재미를 키웁니다. 놀이를 통해 아이의 흥을 돋우고 신나서 더 많이 말하도록 유도하는 것이죠. 또한 아이가 한 말을 다른 사람의 목소리로 들을 수 있기 때문에 청지각력이 높아집니다. 꼭 시간이나 장소를 정해서 하기보다는 평상시에 자주, 많이 해 주면 좋습니다.

놀이 방법

① 아이가 하는 말을 똑같이 따라 한다. 의미 없는 옹알이까지도 전부 따라 한다.

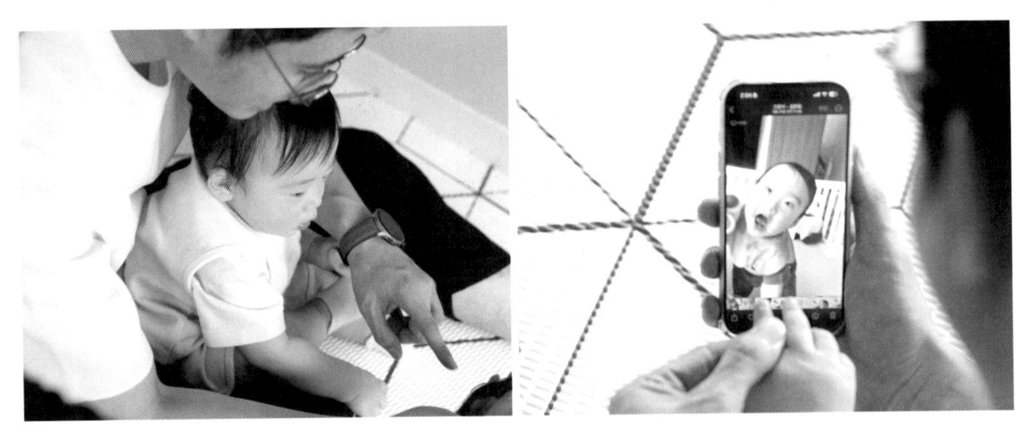

② 옹알이를 많이 할 때가 있다면 영상으로 찍은 다음 그 영상을 함께 보면서 따라 하는 방법도 좋다.

- 아이가 어떤 사물의 명칭을 말하고자 하는 의도는 보이지만 제대로 표현하지 못한다면 양육자가 해당 단어를 말해 줍니다.

예) 아이가 아빠를 부르고 싶은데, "바바."라고 했다면 "아빠."라고 명확하게 말해 준다.

3 부모의 목소리로 들려주는 동요

목표 이 시기의 아이는 많이 들어야 하고, 다양하게 들어야 합니다. 특히 억양이 들어갔을 때 더 쉽게 이해하고 더 빠르게 익힐 수 있으므로, 음의 높낮이 변화가 있는 동요를 다양하게 들으면 도움이 됩니다. 또한 월령에 따라 양육자와 함께 동요를 부르도록 유도하면 긍정적인 정서를 형성하는 동시에 전반적으로 언어 능력을 발달시킬 수 있습니다.

놀이 방법

① 아이와 놀 때 현재 상황과 비슷한 동요를 자주 불러 준다. 기어다닐 때 동요 〈악어 떼〉의 **"엉금엉금 기어서 가자"** 부분을 불러 주는 식이다. 꼭 처음부터 끝까지 부르지 않아도 괜찮다. 일부만 들려줘도 충분하다.

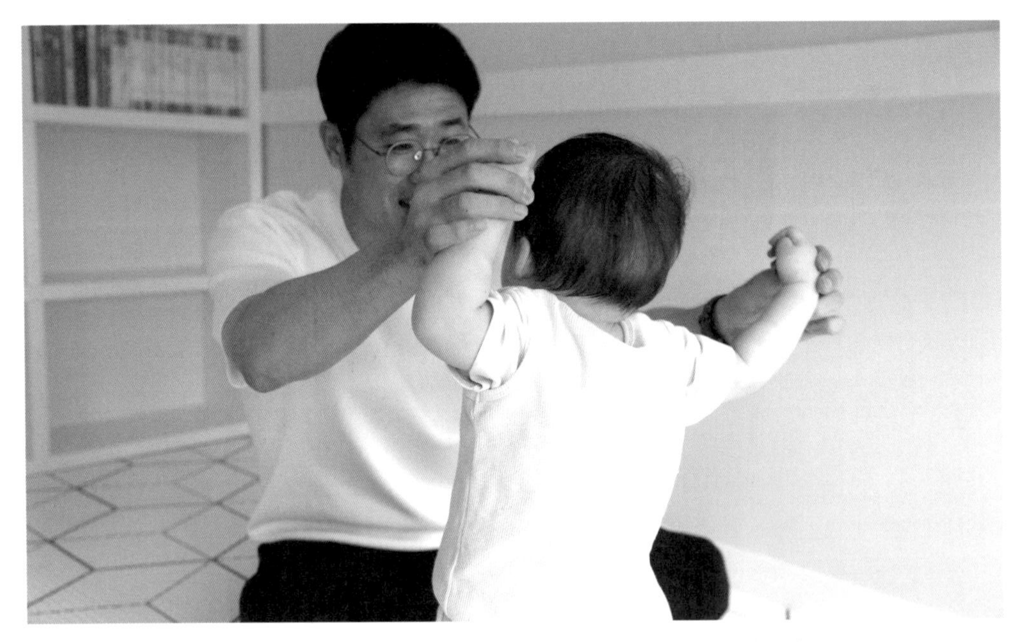

② 함께 율동을 하거나, 아이의 팔을 잡고 율동하듯 움직여 주면서 노래를 부르는 것도 좋고, 사진을 보면서 불러 줄 수도 있다.

그 외 예시

가족이 다 함께 있을 때: 〈곰 세 마리〉 "아빠 곰은 뚱뚱해. 엄마 곰은 날씬해. OO(아기 이름) 곰은 너무 귀여워~"

몸을 씻길 때: 〈머리 어깨 무릎 발〉 "머리 어깨 무릎 발 무릎 발~"

동물 책을 볼 때: 〈동물 농장〉 "음매 음매 송아지~"

4 악기 놀이

목표 언어와 관련된 놀이라고 해서 꼭 언어 발달에만 도움을 주는 건 아닙니다. 놀이에 따라 다양한 신체 발달과도 연관될 수 있는데요, 이 놀이는 청지각력 향상에 도움이 될 뿐 아니라, 소근육 발달에도 좋습니다. 이 놀이는 주변에 들리는 환경음도 언어로 나타낼 수 있다는 사실을 깨닫게 해 줍니다.

준비물 마라카스, 기타, 피아노, 북, 실로폰, 캐스터네츠, 탬버린 등 다양한 악기들

놀이 방법

① 다양한 악기를 두고 아이가 자유롭게 만질 수 있게 한다.

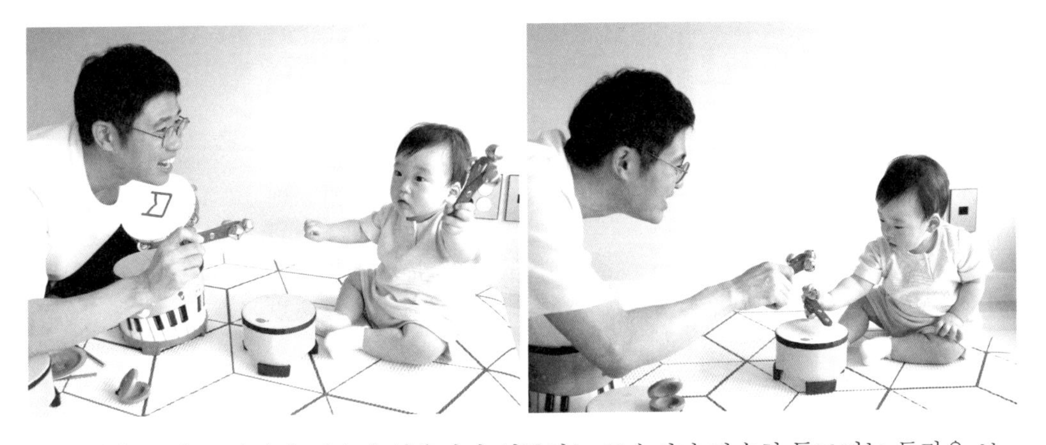

② 관심을 보이는 악기가 있으면 양육자가 연주하는 모습이나 단순히 두드리는 동작을 보여 주고 직접 해 보게 한다. 이때 아이가 하지 못하면 양육자가 아이 손을 잡고 해 줘도 괜찮다.

③ 악기 소리를 음성 언어로 바꿔 주면서 자극을 준다. 이때 악기에서 나오는 다양한 소리를 언어로 바꿔 주는 것이 포인트

예) 마라카스를 흔들며: 착착착

기타를 튕기며: 딩딩딩

피아노를 치며: 딩동댕동 혹은 도레미파

북을 치며: 둥둥둥

원쌤의 팁

- 아이가 악기를 연주할 때 동요 <리듬 악기 노래>를 불러 주는 것도 좋은 방법입니다.
- 악기 외에도, 여러 상황에서 날 수 있는 소리를 언어로 바꿔 주세요! 문을 열면서 "끼익~", 공을 굴리면서 "떼구루루~", 장난감 자동차를 밀면서 "부웅~"처럼 사물과 연관이 있는 소리를 같이 말해 줍니다.

5 똑같은 물건을 찾아요

목표 12개월 즈음에 할 수 있는 놀이입니다. 앞에서 했던 '없다 있다' 놀이가 사물마다 고유한 명칭이 있다는 사실을 깨닫게 하는 게 목표였다면 이 놀이는 사물과 명칭을 일대일로 대응시켜 사물의 생김새와 정확한 명칭을 파악할 수 있도록 합니다. '없다 있다' 놀이에서 조금 더 업그레이드된 버전이라고 할 수 있겠죠. 더불어 이 놀이는 인지 발달에도 도움이 됩니다.

준비물 실물도 좋고, 장난감도 좋고, 사진 카드도 가능하지만 대응을 해야 하므로 두 개씩 있어야 함.

놀이 방법

① 다양한 물건들을 두 개씩 놓는다.

② 양육자가 하나를 들면서 명칭을 얘기해 준다. **"포도 어디 있어?"**

③ 아이가 다른 물건을 들면 **"응? 그건 포도 아닌데…. 딸기야."**라고 알려 주고, 맞게 들면 **"맞았어. 포도야. 똑같네~"**라고 다시 한번 명칭을 알려 준다.

원쌤의 팁

◆ 만약 월령이 높아지면 꼭 똑같은 물건이 아니라 비슷한 물건으로도 해 주세요!

예) 사과 사진 카드를 제시하면 아이가 사과 장난감을 들기. 양육자가 사과 그림을 그리면 아이가 사과 장난감을 들기

<PART. 3>

13 ~ 24개월

1 • 체크해 보세요

수용

□ **"이리 와."** 또는 **"여기 봐."**라는 말에 반응한다.

원쌤의 팁

- 간혹 **"'여기 봐'나 '이리 와'는 그 이전부터 하고 있었는데?"**라고 생각할 수 있습니다. 아마 이전에는 순수한 언어라기보다는 손으로 방향을 가리킨다거나, **"이리 와."**를 하면서 팔을 벌리는 등의 행동을 통해 단서를 줬을 가능성이 있습니다. 이 시기가 되면 비로소 순수하게 언어에만 반응할 수 있다는 차이가 있습니다.

□ 친숙한 사물, 사람에 관해 **"이게 뭐야?"**, **"누구야?"**로 시작하는 질문을 했을 때 그 의미를 이해하고, 사물의 명칭을 말하면 가지고 온다.

□ **"눈, 코, 입이 어디 있지?"**라고 물으면 정확히 가리킨다.

□ **"봐."**, **"먹어."**, **"서."**, **"앉아."** 등의 동작 지시어를 이해하고, **"책상에 올라가지 마."**, **"거기 가지 마."** 등의 특정 행위 금지 지시를 수행한다.

□ **"고양이는 어떻게 우니?"** **"강아지는 어떻게 짖니?"** 같은 질문에 대답한다.

□ 하나의 사물에 대해 두 가지 지시를 수행한다.

예) "(장난감) 자동차를 꺼내서 책상 위에 놓아.", "아빠한테 가서 '밥 먹어요.' 해." 등

□ '지금'이라는 시점의 의미를 이해한다.

표현

□ 단어와 함께 손짓을 사용하여 의사소통을 하고 **'~ 줘'**, **'~ 주세요'**를 사용해 자신의 욕구를 표현한다.

- [ ] 단어 안에서 매우 빈번하게 /ㄷ/ㄴ/ㅎ/ 등의 음소를 사용한다.

    - 할아버지를 정확히 발음하지 못하더라도 하부, 하비 정도는 가능하다. 이 외에도 아빠→빠, 우유→우, 할머니→하니

- [ ] 새로운 2음절의 단어를 모방한다. 다시 말해 기존에 몰랐던 단어라도 누군가가 알려 주면 따라 할 수 있다. 이미 알고 있거나 익숙한 단어, 간단한 말은 3음절까지도 모방한다.

    예) 바나나, 우유 줘 등

- [ ] 놀이 상황에서 성인이 대화할 때 통상적으로 쓰는 억양을 흉내 낸다.

    예) 역할놀이를 할 때 아빠나 엄마 말투 따라 하기

- [ ] 약간 힘은 들지만 말로 자신의 생각을 표현하거나, 혼자 이야기를 하면서 논다. 다만 많은 부분은 알아듣기 어렵다.

    예) "나, 슬퍼.", "나, 힘들어." 등

- [ ] 스스로 두 개의 단어를 결합하여 간단한 문장을 만들고, 1개의 동사를 사용한다.

    예) "엄마, 물.", "엄마, 가.", "뛰어 가.", "앉아 있어.", "공 차.", "차 타." 등

- [ ] 평균적으로는 50~75단어의 표현 어휘를 사용한다. 최소 20단어 이상의 표현 어휘를 사용한다.
- [ ] 대부분 명사이나 약 200개의 표현 어휘를 안다. 상황에 맞게 적절히 구사하지는 못하더라도 대략적인 개념을 알고 있다.
- [ ] 5개 정도의 친숙한 사물을 정확하게 말한다.

13~18개월

이제 슬슬 아이와 구체적인 대화가 시작됩니다. 아이는 자기가 원하는 것을 단어로 양육자에게 요구하거나, **"줘."** 나 **"싫어."** 등의 기능적인 말들을 쓰기도 합니다. 이때 양육자들은 단어 카드 등을 사거나 '동물/과일' 등 범주별로 나뉜 그림책을 보여 주며 가르치고 반복하고 확인하기도 하는데, 단순히 사물의 명칭만 가르치기보다는 **"이건 컵이야. 이렇게 물을 마셔. 꿀꺽꿀꺽, 아이 시원해."**처럼 사물을 어떻게 활용하고 또 느낌은 어떤지를 인식하고 표현하는 방법과, **"와! 이건 코끼리네. 크고, 코가(손으로 과장된 표현을 하며) 기이이이러어요. 우리도 동물원에 가서 코끼리 친구들 볼까?"** 하는 식으로 사물의 기능 및 특징을 간단히 설명해 주면 아이의 호기심을 자극해 어휘 습득에 도움이 됩니다.

19~24개월

이 월령대는 아기 언어의 황금기로 접어드는 중요한 시기이고, 근소한 차이로 아이의 언어 능력이 달라지기도 합니다. 아이의 자아가 강해지고 고집도 세지며 무엇이든 자신이 하려는 자조행동이 나타나기도 합니다. 이때 언어 측면에서는 사물의 공통점이나 차이점을 설명해 주면 좋습니다. **"와, 이것 봐. 공이 꼭 수박처럼 생겼네!"** 혹은 **"아빠는 크니까 큰 옷을 입어. 민우는 작으니까 작은 옷을 입지."** 하는 식입니다.

이 시기부터는 시장을 가거나 동물원이나 산 등을 찾아 여러 장소에서 여러 가지 경험을 할 수 있도록 하면 좋습니다. 무엇이든 실물을 보고 경험해 본 뒤 돌아오는 길에는 **"우리 코끼리 봤지? 코끼리는 코가 길고 기린은 목이 길어. 또 얼룩말도 봤지. 또 뭐 봤더라?"** 하며 아이의 회상 능력을 자극해야 합니다. 단 절대 **"아까 동물원에서 본 거 말해 봐."** 하며 시험하듯 묻거나 아이가 모른다고 나무라지 말고 다시 차근차근 기억을 일깨워 주는 것이 좋습니다. 특별히 간 곳이 없다 해도 자기 전에 누워서 **"오늘은 엄마랑 재미있게 놀았어요. 과자 먹고 뽀로로도 봤어요."**

하는 식으로 매일 그날 일을 회상하면 이야기 소재도 다양해지고 부모도 아이와 말하는 방법을 금방 깨우치게 됩니다.

Q 아이가 모든 사람들을 다 엄마, 아빠라고 부릅니다. 문제가 있는 건 아닌지, 바로잡아 줘야 할지 궁금합니다.

핵심만 간단히

- 13~16개월 사이에 흔히 있는 일로 정상적인 과정입니다.
- 16개월 이후에 자연스럽게 좋아집니다.

부모님들과 얘기를 해 보면 특히 딸을 둔 아빠들이 이 문제로 상처받는 경우가 많은데요, 내 딸이 세상 모든 남자를 다 아빠라고 불러서 속상하다는 겁니다. 속상한 걸 넘어 이를 바로잡으려고 하거나, 문제가 있는 건 아닌지 고민하는 분들도 있지요. 먼저 결론을 말씀드리면 자연스러운 발달 과정입니다. 애써 교정할 필요도 없고요.

13~16개월 사이의 아이들이 발달 과정에서 겪는 현상 중에 '과대일반화'와 '과소일반화'가 있습니다. 과대일반화는 다리가 4개 있는 짐승은 다 강아지라고 부릅니다. 모든 여자는 엄마고 모든 남자는 아빠입니다. 과소일반화는 우리 집 강아지만 강아지고, 다른 집 강아지는 강아지가 아니라고 여기는 현상입니다. 마찬가지로 우리 집 자동차만 차지 택시나 버스는 차라고 여기지 않습니다. 이 역시 발달 과정에서 겪는 자연스러운 현상이고 16개월이 지나면 서서히 사물의 범주와 개념을 이해하게 됩니다.

Q 어느 시기가 되면 부모 혹은 상대방의 말을 잘 이해하고 반응을 할 수 있나요? 즉, 언제 소통이 가능해질까요?

핵심만 간단히

- 문장 형식을 띤 대화를 주고받는 수준의 소통이 되는 시기는 36개월 전후입니다.
- 다만 양육자가 아이 수준에 맞게 이야기한다면 12개월만 지나도 어느 정도 이해하고 반응할 수 있습니다.
- 아이에게 맞춰서 말하고 힌트를 주는 식의 대화가 필요한데, 이는 그 자체로 좋은 언어 교육이 될 수 있습니다.

일반적으로 어느 정도 소통이 된다고 할 수 있는 시기는 36개월 전후입니다. 이때가 되면 대부분의 문장 구성을 이해할 수 있고, 3~4개의 문장까지도 이어서 말할 수 있습니다. **"빨리 집에 가자."**처럼 부사를 활용해 말을 하고, **"왜?"**라는 질문에 대해서도 나름대로 그 이유를 설명할 수 있습니다. 주고받기가 가능해지는 셈이지요.

다만 12개월 정도만 지나도 엄마가 어떤 말을 어떻게 해 주냐에 따라 문장 형식의 대화를 이해하고 내용에 반응할 수 있습니다. 예를 들어 이 시기의 아이에게 **"민우야, 저기 가서 물 좀 떠 와."**라고 하면 거의 이해하지 못할 겁니다. 하지만 손가락으로 물병을 가리키고, 두 손을 모아 달라는 흉내를 내면서 **"민우야 물 줘."**라고 말하면 아이가 물을 가져올 가능성이 매우 높아집니다. 언어에 더해 행동을 취함으로써 더 많은 정보를 제공하기 때문입니다. 이런 대화 방식은 그 자체로 아주 좋은 교육이 됩니다. 아이에게 맞춰서 말을 해 주고, 아이가 이해할 수 있게 힌트를 주는 것이 중요합니다.

Q 존댓말 교육은 언제부터 하는 게 좋을까요? 또 효과적인 방법은 무엇일까요?

핵심만 간단히

- 아이가 어느 정도 언어 발달이 되었다면 일찍부터 해도 괜찮습니다.
- 부모는 아이의 거울인 만큼 존댓말을 자주 노출해 줄수록 습득력이 높아집니다.
- **"물 줘."**가 잘되면, **"물 주세요."**로 바꿔 주는 식입니다.
- 단 아이에게 일상적으로 존댓말을 사용하는 건 좋지 않습니다.

존댓말 교육은 아이의 언어 발달이 어느 정도 이루어진 만 1세 후반부터 해도 괜찮습니다. 다만 존댓말을 쓰게 되면 음절 수가 많아지는 만큼 따라 하기 힘든 부분이 생깁니다. 그러니 아이가 **"물 줘."**가 잘되면 그때 **"물 줘."**를 **"물 주세요."**로 바꿔 말하도록 유도해야지 처음부터 존댓말 교육을 시키는 것은 권하지 않습니다. 일찍부터 교육하는 건 좋지만, 그것도 어느 정도 언어 발달이 이루어진 다음에 해야 한다는 말입니다.

존댓말 교육의 핵심은 실제로 존댓말 대화를 나누는 것입니다. 부모는 아이의 거울이라는 말처럼 그냥 평소에 자주 존댓말을 써서 아이가 익숙해지도록 하는 것이 제일이지요. 그런데 간혹 보면 부모님들이 화낼 때에 존댓말을 쓰는 경우가 있습니다. **"이거 하면 돼요, 안 돼요?"** 뭐 이런 식이죠. 이런 부모님이 은근히 많은데요, 평소에는 반말로 대화하다가 혼낼 때만 존댓말을 쓰는 건 지양해야 합니다. 그래야 존댓말을 언제 어떻게 써야 하는지 정확히 이해할 수 있게 됩니다. 만약 혼낼 때 존댓말을 쓰면 '존댓말은 혼이 날 때 듣는 말'이라는 왜곡된 인식을 갖게 될 수 있습니다. 존댓말을 자연스럽게 들려주고, 안 쓰면 바꿔 주고, 존댓말을 쓰면 요구를 들어주는 방식이 좋습니다. 아이가 **"엄마, (장난감) 넣어."** 하면 **"엄마, 넣어요."** 하고 바로잡아 주고, 아이가 따라 하면 그때 장난감을 넣어 주라는 겁니다. 이걸 계속 반복하면 됩니다. 다만 존댓말로 바꿀 때 혼내는 느낌이 들어가면 안 됩니다. 아이가 **"(장난감) 자동차 줘."** 하면 다정하고 부드럽게 **"자동차 주세요."**라고 말해 주어야 합니다. **"'주세요.'라고 해야지."**라는 식으로 말하면 아이는 자신이 무엇인가 잘못한 거라고 생각해 움츠러들면서 오히려 말문을 닫아 버리는 역효과가 날 수 있습니다. '다정하게 반복하기'를 꼭 기억하기 바랍니다.

한 가지 덧붙이고 싶은 부분은 존댓말 교육을 목적으로 아이에게 일상적으로 존댓말을 하는 것은 절대 권하지 않습니다. 한때 아이에게 존댓말을 하는 게 아이를 존중하는 방식이라고 알려지기도 했는데, 잘못되어도 한참 잘못된 생각입니다. 존댓말은 기본적으로 아랫사람이 윗사람에게 사용합니다. 그러니 아이에게 일상적으로 존댓말을 쓰면 아이는 관계에 혼동을 일으킬 수 있습니다. 아이에 대한 존중은 존댓말이 아니라 다른 방식으로 하는 것이 알맞습니다.

Q 책 읽어 주는 건 언어 발달에 도움이 되나요? 책을 읽어 주려고 해도 아이가 도무지 가만히 앉아 있지를 않아서 쉽지가 않습니다.

핵심만 간단히

- 가장 좋은 언어 자극은 삶에서 일어납니다. 직접 체험 또는 놀이를 활용하는 게 가장 좋습니다.
- 물론 책을 읽어 주는 게 언어 발달에 도움이 되는 건 맞습니다. 하지만 책 읽어 주기는 아이 성향에 따라 효과 편차가 큰 편입니다.
- 책을 좋아하지 않는 아이라면 자기 전에 읽어 주는 방법을 추천하는 편입니다.

우선 많이들 오해하는 한 가지를 짚고 넘어가자면 책 읽기가 언어 발달에 가장 좋은 방법은 아니라는 사실입니다. 가장 좋은 언어 자극은 일상생활에서 일어납니다. 이를테면 양육자가 앉으면서 **"앉아."**라는 말의 개념을 알려 주고, 일어서면서 **"일어나."**라는 말의 개념을 알려 주는 게 최선의 방법입니다. 그래서 저는 책보다는 '놀이'를 더 추천하는 편입니다. 책 읽어 주면서 자동차는 움직이는 물체라는 것을 알려 주기보다는 장난감 자동차를 앞으로 밀면서 **"차 간다~"**라고 해 주면 아이는 '움직이다'라는 말의 개념뿐 아니라 자동차의 기능까지도 훨씬 더 빨리 이해합니다.

실제로 언어가 늦어 저희 센터를 찾아오신 부모님들께 **"어떻게 대처하셨어요?"** 물어보면 하나같이 하는 말씀이 **"단어 카드 샀어요."**입니다. 보통 언어 치료사들이 아이에게 언어 자극을 줄 때 가장 먼저 사용하는 방법은 '실물'입니다. 사과를 가져다 놓고, **"사과야. 아삭아삭 사과."** 이게 잘되면 그다음 단계로 컬러 사진, 잘되면 그림, 잘되면 그다음이 문자입니다.

이런 순서로 자극 단계를 올려야 합니다. 그러니 언어가 늦었다고 판단해 단어 카드를 보여 준다 한들 딱히 좋은 효과를 보기는 힘듭니다. 실제로 유용했는지 물어보면 대부분 아이가 관심을 보이지 않아서 큰 효과는 없었다는 대답이 돌아옵니다.

"그렇다고 책은 전혀 도움이 되지 않는 것인가?" 라고 묻는다면 그건 아닙니다. 놀이 다음으로 효용성이 있다고 생각합니다. 다만 아이들 성향에 따라 책 읽어 주기가 효과가 있을 수도 있고 없을 수도 있습니다. 책을 싫어하는 아이들도 있으니까요. 보통 신생아 시기에는 거의 움직이지 못하니까 책을 보여 주면 가만히 잘 있는데요, 이걸 두고 부모님들이 우리 애는 책을 좋아한다고 오해하곤 하죠. 진짜 책을 좋아하는 아이인지 아닌지는 좀 더 시간이 지나 봐야 알 수 있습니다. 활동적인 아이들은 본격적으로 몸을 움직일 수 있게 되면 가만히 앉아서 듣고 있지 않는 경우가 훨씬 많습니다. 그래서 책을 읽어 주기 가장 좋은 시간은 자기 전입니다. 가장 정적이기도 하고 누워서 듣기에만 집중할 수 있는 시간이기도 하니까요. 또 자기 전에 들었던 정보들은 뇌에서 빨리 정리가 된다는 연구도 있습니다. 책을 좋아하는 아이라면 모르겠지만 그렇지 않다면 낮에는 이 책에 실린 다양한 놀이를 활용하고, 자기 전에 시간을 내 책을 읽어 주는 방법을 고려해 보면 좋겠습니다.

원쌤의 팁 - 아이의 발화를 돕는 방법

아이가 잘 말하게 하기 위해서는 자료, 양육자의 지원, 발화 수준이 모두 중요한데요, 처음엔 쉬운 방법으로 시작해서 점점 더 어려운 수준으로 올려 가는 것이 중요합니다.

자료

발화를 유도하기 위해 처음 사용하는 자료로는 실제 사물이 가장 좋습니다. 사과를 앞에 둔 채로 '사과'라는 표현을 듣고 말할 수 있게 하는 것입니다. 발화가 좀 이뤄지면 그다음으로는 구체적인 상징을 사용하는데요, 이것도 수준에 따라 사진 - 컬러 그림 - 흑백 선화 순서로 갑니다. 여기까지도 잘되면 이후에는 좀 더 추상적인 상징이라고 할 수 있는 구어나 글자를 사용합니다.

부모의 지원

처음엔 정확한 모방을 제공합니다. **"사과라고 말해 보자. 사과"**

다음에는 힌트만 조금 줍니다. **"사…"**

이 단계까지 올라오면 아이 스스로 발화할 수 있도록 유도합니다. **"우리 뭐 먹기로 했지?"**

발화의 수준

발화를 유도하기 위해 아이의 수준에 맞춰 단계별로 접근할 수 있습니다.

처음엔 한 음절씩 끊어서 '사', '과'라고 말해 줍니다.

다음으론 단어 자체 '사과'가 되겠지요.

여기까지 잘되면 '맛있는 사과' 등 표현을 추가하면서 단어에서 구를 만드는 연습을 합니다.

이후에는 **"사과가 아삭아삭하다."**는 주어와 서술어를 갖춘 문장으로 넘어갈 수 있겠고요,

최종적으로는 사과를 주제로 대화나 이야기를 만들 수 있습니다.

"어제 먹었던 사과가 정말 맛있었는데, 민우는 어땠어?"

Q 아이가 같은 책만 보려고 합니다. 괜찮을까요? 덧붙여 효과적인 책 읽어 주기는 무엇인가요?

핵심만 간단히

- 같은 책만 읽는 건 무조건 좋습니다. 언어는 결국 반복이기 때문입니다.
- 책 읽어 주기의 핵심은 총 세 가지입니다.
  - 아이와 상호작용하기
  - 아이의 표정을 살피면서 관심 있는 부분에 집중하기
  - 아이의 수준에 맞게 변경하여 읽어 주기

책 읽어 주기의 원칙도 큰 틀에서 보면 앞서 말씀드린 라디오나 음악 들려주기와 크게 다르지 않습니다. 무작정 일방적으로 읽어 주거나, 그저 많이 읽어 주기만 한다면 아무 도움이 되지 않습니다. 책 역시 상호작용이라는 토대 위에 이루어져야 합니다.

예를 들어 설명해 보죠. 동화 『토끼와 거북이』를 읽어 준다고 가정하겠습니다. **"토끼와 거북이가 달리기 시합을 해요."** 흔히들 많이 저지르는 잘못은 이렇게 읽어 주고 그다음 페이지로 넘어가 버립니다. 아이 입장에서는 그림을 좀 더 보고 싶을 수도 있고, 그 페이지에 좀 더 오래 머물러 있고 싶을 수도 있는데, 아이의 신호를 살피지 않은 채, 텍스트만 읽고 넘어가 버리면 어떠한 상호작용도 할 수 없지요. 그러면 어떻게 하는 편이 좋을까요? 본문을 읽은 다음 질문을 한번 던져 줍니다.

양육자: 토끼와 거북이가 달리기 시합을 해요. 민우야, 토끼 어디 있어?

(아이가 토끼를 가리키면)

양육자: 맞아. 토끼야, 토끼. 토끼는 깡충깡충 뛰어가. 어떻게 뛰어간다고?

아이: 깡충깡충 토끼.

양육자: 맞아. 깡충깡충. 그럼 거북이는 어디 있어?

이런 식으로 아이가 이야기 속에 조금 더 몰입할 수 있도록, 즉 상호작용이 일어나도록 진행해야 합니다. 무자정 그림만 보여 주고 글자만 읽는 게 아니라 아이의 반응을 이끌어 내고 주고받는 과정이 필요합니다.

두 번째로 책을 읽으면서 아이의 표정을 살펴야 합니다. 즉, 아이가 무엇을 보고 있는지, 어떤 그림에 관심 있는지를 파악하고, 거기에 반응을 해 줘야 합니다. 양육자가 아이를 관찰하지 않고 그저 책 읽기에만 집중하면 알 수 없는 지점입니다. 만약 아이가 동물들이 나온 그림에 관심을 보이면 거기에 좀 더 집중해 주세요. **"귀여운 여우네. 여기 여우도 있고, 호랑이도 있고, 사자도 있네. 응원하러 온 거야."**

세 번째는 글자를 있는 그대로 읽는 게 아니라 아이에게 맞춰서 읽어 주어야 합니다. 만약 13개월가량 된 아이에게 **"어느 날 토끼가 거북이를 느림보라고 놀려 대자 거북이는 자극을 받고 토끼에게 달리기 경주를 제안하였다."**라고 읽어 주면 이건 책 읽기가 아니라 소음이 되어 버리겠죠. 13개월 정도라면 **"토끼는 코~ 자, 거북이는 엉금엉금 열심히 가."** 정도가 적당합니다. 아이의 언어 수준에 따라 난이도를 조절할 필요가 있습니다.

어느 정도 '읽기'와 '상호작용'에 대해 말씀을 드렸으니 처음 질문을 살펴보겠습니다. 언어 발달에 관한 상담을 하다 보면 아이가 너무 한 책만 원하는데 괜찮은 것이

냐고 묻는 부모님이 꽤 있습니다. 답을 먼저 말씀드리면 한 책을 계속 읽는 것은 무조건 좋습니다. '반복'은 언어 성장의 필수 요소라고 해도 과언이 아닙니다. 그러니 한 책만 계속 보려고 하는 건 반복을 거듭하면서 내 언어로 바꾸는 과정이라고 봐도 무방합니다. 성인들도 '꽂힌' 영화가 있으면 두 번, 세 번씩 보곤 하죠. 그러면서 무심코 넘겼던 장면을 새롭게 보기도 하고, 처음과 다른 느낌을 받기도 합니다. 아이들은 더 그렇습니다. 게다가 대부분의 아이들은 새로운 느낌보다 안정감을 더 중요하게 생각하는 경향이 있습니다. 뒷이야기를 모를 때 오는 짜릿한 긴장감보다는 이 페이지를 넘기면 어떤 장면이 나온다는 사실을 예상할 수 있는 상태에서 실제로 그 장면이 나올 때 더 좋아합니다. 아이 입장에서 본 책을 계속 보는 건 자신의 삶을 불안하지 않게 하는 요소이고, 이는 아이에게 매우 필요한 정서적 자산입니다.

즉, 아이가 어떤 한 책에 몰두한다는 것은 안정감을 찾기 위한 본능적인 추구입니다. 따라서 그 책을 자주 읽어 주는 것은 아이의 정서나 언어 발달을 위해서 너무나 좋은 일입니다. 아이의 언어 수준이 높아졌는데 계속 같은 책을 보면 도움이 안 되는 것 아니냐고요? 앞에서 말한 효과적인 책 읽기 세 번째 핵심을 기억하세요. '아이의 수준에 맞게 변경하여 읽어 주기', 즉 양육자가 센스 있게 읽어 주면 됩니다. 13개월 무렵에 **"토끼는 깡충깡충 가요."**라고 읽어 주었다면 18개월 때는 **"토끼는 깡충깡충 가요. 그래서 빨라요. 토끼는 마음만 먹으면 아주아주 빠르게 뛸 수 있어요."**처럼 수준을 높여 언어 자극을 주면 됩니다.

보통 만 5세가 넘어가면 다른 책들로 자연스럽게 흥미가 옮겨 가는 편인데요, 만약 그 이후에도 1~2권의 책에만 집착을 한다면 사용할 수 있는 좋은 방법이 있습니다. 일명 '책장 안의 책장'인데요, 안에 3권만 넣을 수 있는 책장을 따로 만들어 줍니다.

그곳에 아이가 좋아하는 책 2권과 양육자가 추천하는 책 1권을 넣어 둡니다. 이를 통해 아이가 자연스럽게 새로운 책과 주제에 관심을 갖게 할 수 있습니다.

4 · 언어가 발달하는 놀이

1 소리로 이름 맞히기

목표 13개월 정도부터 가능한 놀이로 의성어·의태어를 이름과 연결 지을 수 있도록 합니다.

준비물 다양한 사물, 장난감, 동물 카드 등

놀이 방법

① 다양한 사물, 장난감, 그림 카드 등을 놓아둔다.

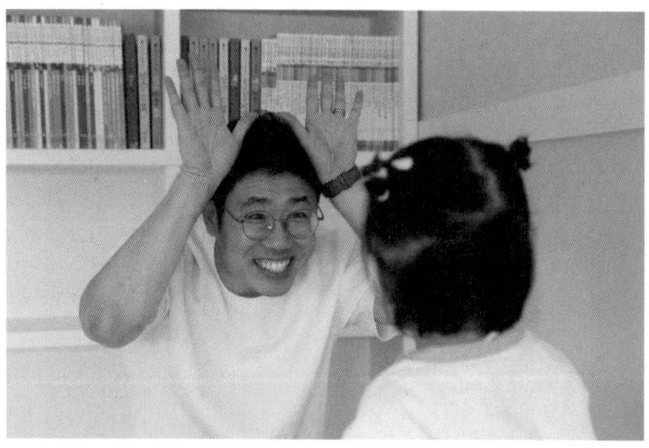

② 양육자가 의성어 · 의태어를 얘기한다.

"깡충깡충~"

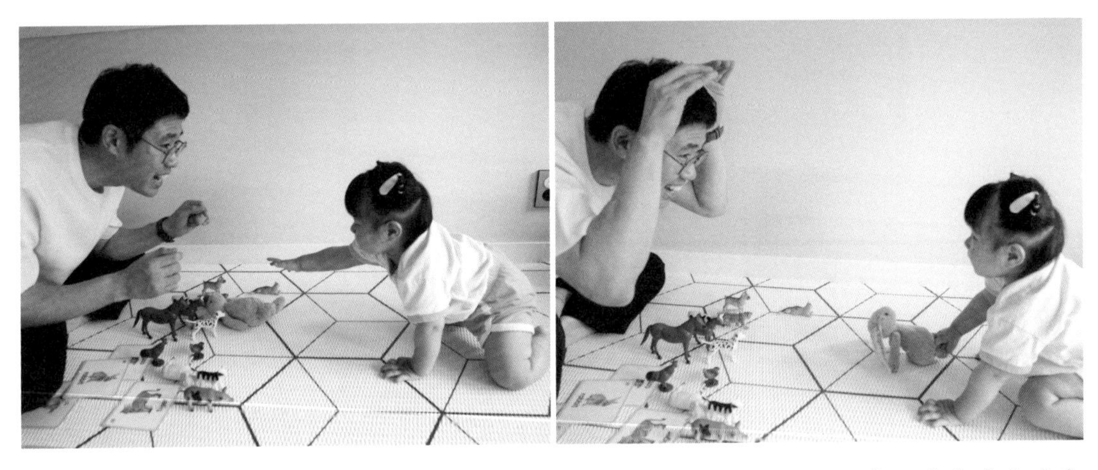

③ 아이에게 특정 사물이나 그림을 집게 한 뒤, **"맞아. 토끼야. 토끼는 깡충깡충~"** 하고 다시 한번 말해 준다. 만약 틀렸을 때는 바로 알려 준다. **"그건 멍멍 짖는 강아지잖아. 깡충깡충~ 이건 뭘까?"**

원쌤의 팁

- 놀이를 통해 아이의 현재 수준을 파악할 수도 있습니다. 이 놀이를 하려면 0~12개월에 의성어·의태어를 많이 들려준 상태여야 합니다. 만약 이 놀이가 전혀 안 된다면 의성어·의태어를 많이 들려주세요.
- 앞에서 했던 악기 놀이를 업그레이드하는 방법으로도 활용할 수 있습니다. 다양한 악기를 두고 악기 소리를 음성 언어로 들려주면서 찾게 합니다. 악기를 찾으면 명칭을 알려 줍니다.
- 악기부터 장난감, 동물 카드, 가전제품 카드 등을 다 늘어놓고 할 수도 있지만 주제별로 묶을 수도 있습니다. 아이의 성향, 수준 등에 맞춰 주세요.
- 아이에게 퀴즈를 내게 할 수도 있고, 명칭을 먼저 말하고 관련한 의성어·의태어를 맞히는 등으로 변형할 수 있습니다.

2 인체 스티커

목표 신체 각 부분의 명칭을 알게 합니다.

준비물 스티커

놀이 방법

① 스티커를 아이 신체 각 부분에 붙인다.

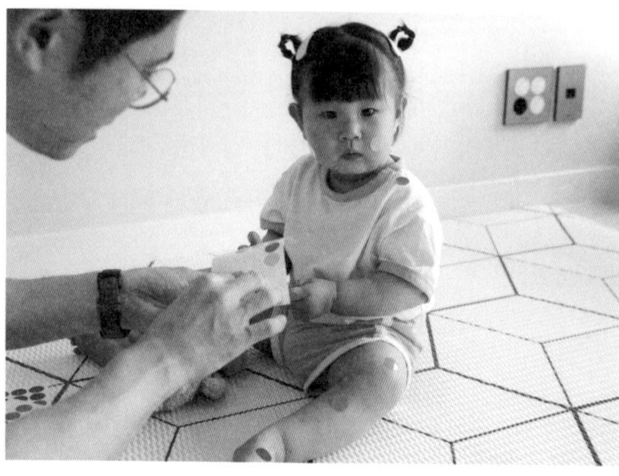

② 붙이면서 신체 부위의 이름을 알려 주고, 또 아이가 떼면 그 신체 부위를 이야기한다.

③ 어느 정도 신체 부위를 인지하면 그다음에는 **"어디에 있는 스티커 떼 볼까?"** 하면서 그 부위 명칭은 무엇인지 퀴즈를 낸다.

원쌤의 팁

- 아이가 잘하게 되면 좀 더 세부적인 부위로 단계를 높일 수 있습니다.
  - 1단계: 눈, 코, 입, 머리, 손, 발 등
  - 2단계: 입술, 손가락, 발가락, 손등, 발등 등
    (스티커를 붙이는 위치는 1단계와 비슷하지만 이번 단계에서는 좀 더 세부적인 명칭을 알려 줍니다.)
  - 3단계: 눈썹, 턱, 어깨, 이마 등
- 신체의 기능을 함께 알려 줄 수도 있습니다. 냄새 맡는 코, 장난감을 잡을 수 있는 손, 볼 수 있는 눈, 공을 찰 수 있는 발 등
- 아이에게 신체 부위를 말해 준 다음 양육자 신체에 붙여 보도록 할 수도 있습니다.

3 집 안 물건 찾기

목표 집 안 장소와 그 장소에 있는 다양한 물건들의 이름과 역할 기능을 알게 합니다. 덧붙여 '~에'의 개념도 가르쳐 줄 수 있습니다.

준비물 집 안 곳곳의 물건들

놀이 방법

① 집 안 곳곳을 다니면서 장소와 물건을 알려 준다. 꼭 놀이 때가 아니더라도 수시로 알려 주면서 어느 정도 파악하게 한다.

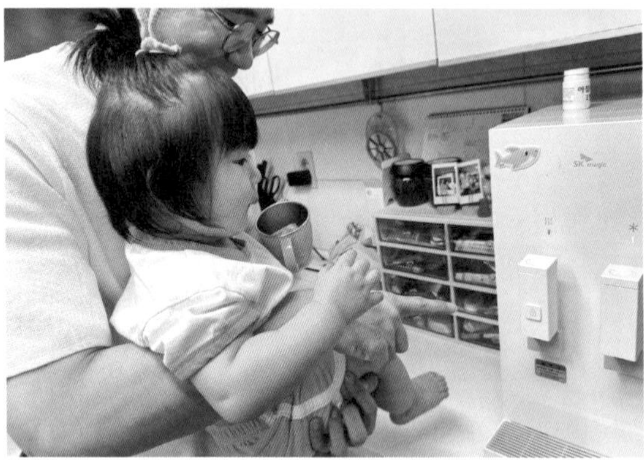

② 양육자가 집 안의 물건을 꺼내 놀이 공간에 모아 놓고 그 물건이 무엇인지 어디에 있던 물건인지 맞히게 한다.

③ 원래 있던 장소에 가져다 놓게 한다.

원쌤의 팁

- 놀이를 하면서 사물의 기능을 알려 줄 수 있습니다.

  "휴지로는 뭐 하지?", "신발은 뭐 하는 거지?"

  만약 아이가 아직 모른다면 양육자가 알려 줍니다.

- 생김새와 특징을 알려 줄 수도 있습니다.

  "푹신푹신한 방석.", "부드러운 옷.", 그 외에 '거친/동그란/네모난/길쭉한' 등의 개념입니다.

4 반대 개념 놀이

목표 열다/닫다, 넣다/빼다, 끄다/켜다 등 대립하는 말의 개념을 이해할 수 있습니다. 한 가지 덧붙이자면 이 놀이의 목표는 아이에게 반대말을 알려 주는 데 있지 않습니다. 아직 반대 개념을 가르칠 시기가 아니기도 하고요. 이 놀이의 진정한 목표는 해당 단어를 반복적으로 들려주면서, 움직임을 나타내는 단어와 그 단어의 발화를 자연스럽게 연결하는 능력을 키워 주는 것입니다. 또한 이때 움직임을 같이 행하도록 하면 소근육 발달에도 도움이 됩니다.

준비물 담을 수 있는 통, 전등 스위치, 집 안의 문, 문 장난감 등

놀이 방법

생활 속에서 대립되는 행동을 번갈아 반복하면서 그에 따른 어휘를 들려준다.

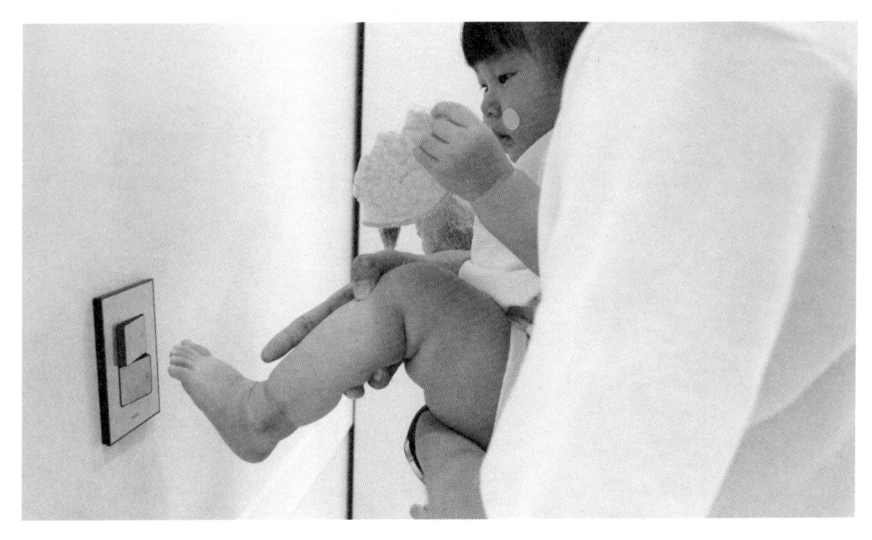

① 형광등 스위치를 함께 끄고 켜면서, **"불 꺼~", "불 켜~"**

② 몸을 앉았다 일어서면서, **"앉아~", "일어서~"**

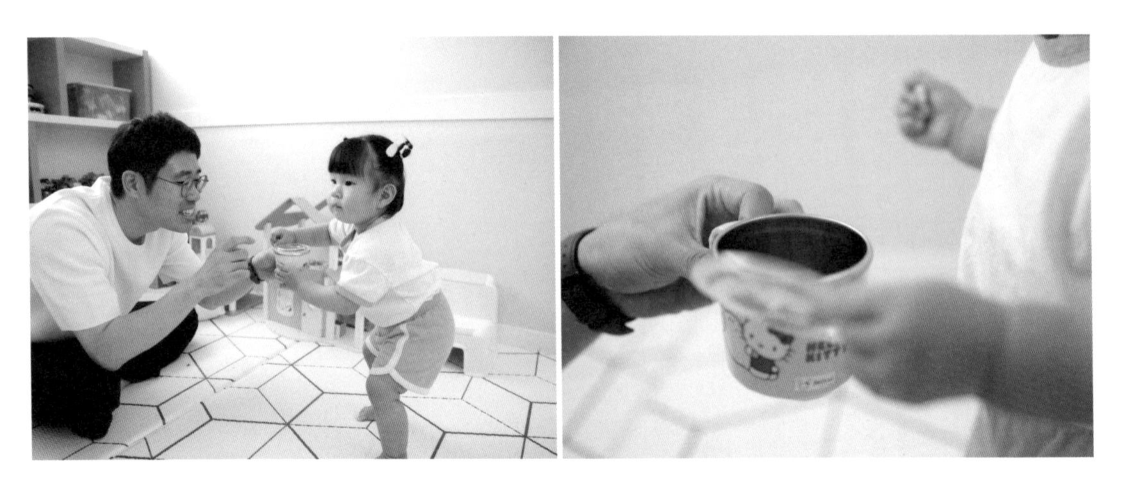

③ 뚜껑이 있는 컵이나 통 혹은 냉장고 문을 열고 닫으면서 **"열어~", "닫아~"**

④ 장난감을 바구니에 담거나 꺼내면서 **"넣어~", "빼~"**

그 외 예시

- 안/밖 : 현관을 들어오고, 나가면서
- 입다/벗다: 옷을 입고, 벗으면서
- 감다/뜨다 : 눈을 감고, 뜨면서
- 올라가다/내려가다 : 계단 등을 올라가고, 내려가면서

5 점토 빵 굽기

목표 풍부한 언어 자극을 줄 수 있고, 색 개념도 심어 줄 수 있습니다.

준비물 여러 가지 색이 있는 점토(클레이) 등

놀이 방법

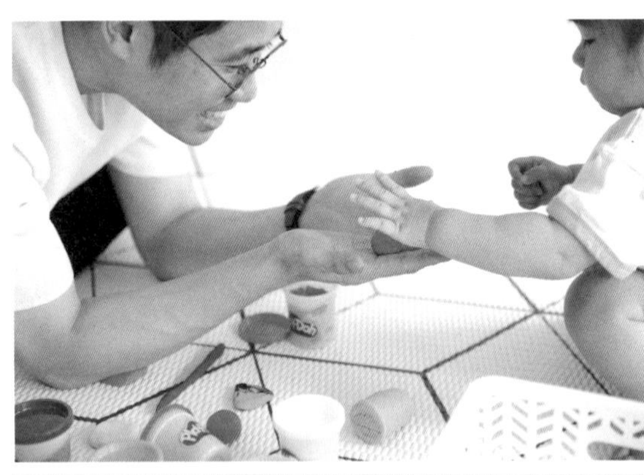

① 점토를 가지고 빵을 만든다.

- 다양한 모양과 크기로 만들면서 '길다/짧다/세모/네모/동그라미/크다/작다/떼다/붙이다/누르다/펴다' 등의 개념을 알려 준다. 색이 있는 점토라면 색깔을 얘기해 줄 수도 있다.

② 만든 점토 빵을 장난감 오븐에 넣고 돌리는 척을 한다.

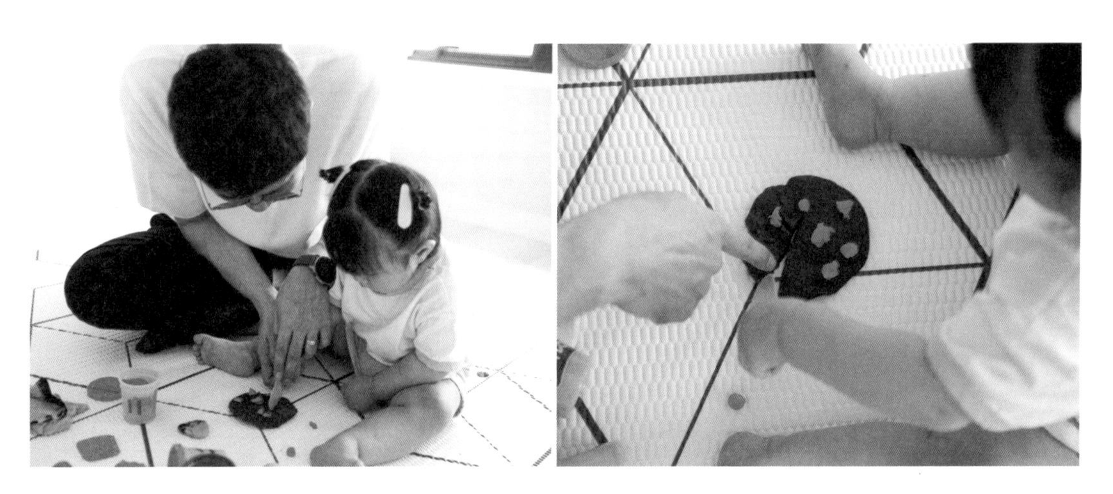

③ 만들어진 빵을 잘라 본다.

- 빵, 칼, 잘라, 먹어, 냠냠냠 등을 말할 수도 있고, 손님과 카페 직원 등의 역할놀이를 할 수도 있다.

<PART. 4>

25 ~ 36개월

1 • 체크해 보세요

수용

☐ 사물의 부분, 장소를 정확히 가리킨다.

예) 옷장 문, 문손잡이, 목욕탕, 식당, 거실

☐ 이전에 비해 좀 더 세부적인 신체 부위를 안다.

예) 귀, 손가락, 발가락, 손등, 발등

☐ 사물이나 장소의 기능을 이해한다.

예) "밥그릇은 뭐 할 때 쓰지?", "쉬는 어디에서 하지?"

☐ 부정적인 말을 이해한다.

예) "저건 지윤이 양말이 아니야.", "엄마는 병원에 가지 않아.", "아직 밥을 먹지 않아."

☐ 의문문을 이해한다.

예) "지금 뛰어가는 건 누구지?", "강아지는 어디 있지?"

☐ 숫자의 정확한 의미는 알지 못하지만 물건이 1개 있을 때와 2~3개 있을 때의 양적 차이를 이해한다.

☐ 동시에 이루어지는 세 가지 정도의 지시를 이해한다.

예) ① 장난감 자동차를 꺼내서 ② 방으로 가지고 와서 ③ 나한테 줘.

☐ 두 개의 사물과 두 개의 동작이 포함되는 지시를 수행한다.

예) "엄마한테 공을 던지고, 자전거를 밀어 줘."

☐ 안, 속, 밖, 위, 아래 등 공간의 의미를 이해한다.

예) "상자 안에 공 넣어.", "밖에 나가자." "지윤이 옷은 서랍 위에 있어."

☐ 익숙한 부사를 사용한 몇 가지 지시를 이해한다.

예) "천천히 가야 해.", "여기선 조용히 해야 해."

☐ 반대의 개념을 이해한다.

예) 크다-작다, 많다-적다.

표현

☐ 초성에서 ㄴ/ㄷ/ㄸ/ㅌ/ㅍ/ㅎ/ㅃ 등의 음소를 정확하게 사용한다.

☐ 80% 정도의 발음 정확도를 나타낸다.

☐ 2개의 숫자를 순서대로 정확하게 모방한다.

☐ 5~6개의 음절로 된 구 또는 절을 사용하고, 타인의 말을 모방하기도 한다.

예) "문 열어 줘.", "엄마 물 줘."

☐ 간단한 동요를 부르기 시작한다.

☐ 일상적인 음식의 이름을 알고, 여기에 '줘' 라는 표현을 붙여 욕구를 표현한다.

예) "김치 줘.", "국 줘.", "두부 줘."

☐ 친숙한 사물 6개 정도는 기능을 이해하고 질문에 대답한다.

예) "무엇으로 글씨를 쓰지?", "무엇으로 밥을 먹지?", "사과는 뭐로 깎지?"

☐ 세 단어가 결합된 의문문을 사용하고, 질문을 하기 위해 억양을 올린다.

예) "엄마 어디 있어?", "넌 이름이 뭐야?", "아빠 어디 있어?"

☐ 질문과 답에 과거 시제를 사용한다.

예) "엄마가 아팠어.", "엄마는 병원에 갔어.", "아빠 회사 갔어?"

☐ '위, 아래, 안, 밖' 같은 명사, '더' 같은 부사, '크다, 작다' 같은 형용사를 사용하여 사물을 설명한다.

☐ 주어를 앞에 두고 부사어와 움직임을 타나내는 말이 결합된 세 단어 문장을 사용한다.

예) "아기 크게 울어.", "나 버스에 타.", "아빠 차에서 내려."

☐ 소유 개념이 포함된 말을 사용한다. 예) 엄마 양말, 아빠 바지

☐ 부정어를 사용한다. 예) "엄마 안 아파.", "유치원 안 가."

☐ 자신의 경험이나 지금 하고 있는 동작을 이야기한다.

☐ 가족 이외의 타인도 이해할 수 있는 표현 어휘가 최소 500개 정도 된다.

25~30개월

아이의 언어는 매일매일 일취월장합니다. 생각지 못할 정도로 늘어난 어휘 능력에 깜짝깜짝 놀라게 되기도 하지요. 이 시기의 아이는 굉장히 수다스럽고 모든 일에 간섭하고 말을 되풀이하고, 엄마가 자기의 말을 따라 해 주기를 원합니다. 이를 통해 자신의 말을 엄마가 잘 알아들었는지 확인하는 것이죠. 엄마가 대충 **"응."**, **"그래."** 정도나 혹은 **"뭐라고?"** 하면서 자신의 말에 집중하지 않는 것 같으면 아이는 시무룩해지거나 화를 냅니다. 가능한 한 아이의 말을 반복해 주되 문장에서 빠져 있는 조사 등을 채워 주는 방식으로 언어 자극을 주는 방법이 좋습니다.

"엄마, 토끼 당근 없어." 하면 **"토끼가 당근이 없어? 저런…."** 하는 식으로 아이의 말에 잘 반응하면 아이는 신나서 더욱 말을 많이 할 것입니다. 가족을 비롯한 주위 사람의 말을 곧잘 따라 하는 시기이기도 합니다. 이제는 책도 지문대로 읽어 주고, 간단한 색이나 숫자 세기 정도를 가르쳐도 좋습니다. 단 아이가 알 때까지 반복해 시키거나 야단을 치는 것은 절대 금물입니다.

31~36개월

이 시기의 아기는 엄마랑 대화도 나누고 자신의 의견도 말할 수 있습니다. 슬슬 또래에게 관심을 보이고 밖으로 나가 놀기를 즐기고 스스로 책도 읽습니다. 물론 글자를 읽는다기보다 양육자를 흉내 내는 것에 가깝지만, 내용은 거의 알고 있습니다. 지나간 일을 기억해 말하기도 하고 **"동물원 가고 싶어."**라고 하거나 **"버스 타러 가자."**라고 조르기도 합니다. 친구랑 싸웠다면 '왜' 그랬는지도 말할 수 있습니다. 만약 엄마가 자신에게 잘못한 일이 있으면 아빠에게 일러서 난처하게 만들지도 모릅니다. 마트에 가서 물건을 사고 돈을 내게 하거나, 이웃에게 인사하는 법을 가르쳐 주거나, 좋아하는 물건 이름 대기 놀이 등을 하면 아이의 연상력과 표현력을 키우는 데 도움을 줍니다. 소꿉놀이나 역할놀이도 자주 하면 좋습니다.

Q 알아듣는 말은 많은데, 말하기로 연결하지는 못합니다. 어떻게 가르치면 좋을까요?

핵심만 간단히

- 현재 상황에 이르기까지 배경을 아는 것이 중요한데, 보통 이런 경우 아이에게 말할 기회를 주지 않고 부모가 먼저 말을 해 버리는 상황이 많았을 가능성이 높습니다. 혹시 그렇게 하고 있지는 않는지 한번 생각해 보세요.
- 이때 많이 사용하는 기법은 크게 세 가지입니다.
  - 장난감을 높은 곳에 올려놓고, 가지고 와 보라고 시키는 식으로 아이가 말을 해야만 하는 상황을 만듭니다.
  - 질문을 하고 아이를 쳐다보면서 3~5초 정도를 기다려 줍니다.
  - 아이에게 시범을 보이거나 지시어를 제시한 후 반응을 기다립니다. 장난감을 정리한다면 **"사자 정리~~~ 코끼리 정리~~~ 토끼 정리~~~ 그다음 강아지…"** 해서 아이가 **"강아지 정리"**라고 말할 수 있도록 유도합니다.

수용언어는 괜찮은데, 표현언어가 발달하지 않은 전형적인 경우입니다. 아이가 말의 의미는 잘 이해하면서 왜 발화로 연결하는 것에는 서툰 것일까요? 우선 저는 부모님이 아이에게 지시를 너무 많이 하거나 혹은 성미가 급해서 대답을 기다리지 않았던 건 아닌지 한번 생각해 보라는 말씀을 드리고 싶습니다. 보통은 질문을 던져 놓고 본인이 답을 해 버리는 경우가 많습니다. 아이에게 **"이거 뭐야?"**라고 물은 다음 대답을 기다려야 하는데, 그 시간을 참지 못하고 **"이거 사과지?"** 이렇게 자기가 답을 말해 버리는 부모가 있습니다. 의사소통을 하지 않고 부모 혼자 말을 해 버리기 때문에 아이가 말할 기회가 적어지는 셈이지요. 반복되면 아이는 능동적으로 말을 하기보다 점점 수동적으로 변하는 경향을 보이기도 합니다.

보통 이런 친구들은 세 가지 기법을 섞어서 대화를 유도할 수 있는데요, 첫 번째는 아이가 말을 할 수밖에 없는 상황을 만듭니다. 예컨대 피자 장난감을 주면서 장난감 칼은 숨겨 놓는 거지요. **"자, 이 피자를 장난감 칼로 잘라 봐."**라고 하면 아이는 어쩔 수 없이 **"칼 주세요."**를 말해야만 합니다. 좋아하는 혹은 지금 가지고 놀고 싶은 장난감을 손이 닿지 않는 곳에 올려놓는 방법도 있습니다. **"로봇 가지고 와. 같이 로봇 놀이 하자."**라고 하면 아이는 장난감을 가지고 와야 하는데 키가 닿지 않으니 **"도와주세요."**라고 말할 수밖에 없습니다. 그런 상황을 의도적으로 만드는 것이죠. 좋아하는 과자를 눈에 보이는 유리병에 넣고 뚜껑을 꽉 닫아서 **"열어 주세요."**라고 말하도록 유도할 수도 있습니다.

두 번째는 시간 지연 기법입니다. **"이거 뭐야?"** 질문을 던진 후 아이를 빤히 쳐다보면서 3~5초 정도 기다려 주세요. '이제 네가 말할 타이밍'이라는 사실을 암묵적으로 알려 주는 것입니다. 절대 먼저 나서서 말하지 말고, 아이의 반응을 기다리는 자세가 필요합니다.

세 번째는 시범을 보인 후 반응을 기다리는 것입니다. 아이와 함께 장난감을 정리한다고 가정하겠습니다.

"(사자 장난감을 넣으며) 사자 정리~~~ (코끼리 장난감을 넣으며) 코끼리 정리~~~ (토끼 장난감을 넣으며)

토끼 정리~~~ 그다음 강아지…" 하면서 아이를 빤히 쳐다봅니다. 아이가 **"강아지 정리."**라고 하면 **"응. 맞아. 강아지도 정리하는 거지~"** 하면서 그때 강아지 장난감을 정리하는 방법입니다. 만약 아이가 아무 말도 하지 않으면 힌트를 줄 수도 있습니다. **"강아지 정~~~"**처럼 알려 주는 것이죠. 이런 상황을 반복하면 아이에게 자연스럽게 말하기 연습이 됩니다.

원쌤의 팁 - 그 외에 사용할 수 있는 방법

◆ 흥미 있는 상황을 만든다.

예) 아이가 좋아하거나 가지고 놀 때 즐거워하는 장난감을 가지고 시작하기

◆ 선택해야 할 상황을 만든다.

예) 옷 입기를 할 때 자동차 무늬 옷과 로봇 무늬 옷 중에 뭘 입을지 아이가 선택해서 말하게 한다.

◆ 예기치 못한 상황을 만든다.

예) 같이 외출해야 할 때 아빠가 아이의 신발을 신는 척 하기

Q 아이가 한 단어 발화는 잘하는데, 두 단어 발화에는 어려움을 느끼는 것 같아요. "우유 주세요."를 말하라고 하면 "우유."라고만 하거나, "주세요." 라고만 하는데 어떻게 하면 좋을까요?

핵심만 간단히

- 이런 친구들은 우선 음절 수를 줄여 주는 편이 좋습니다. **"우유 주세요."**를 할 게 아니라 **"우유 줘."** 혹은 그보다 더 짧은 **"물 줘."**를 먼저 익히고 그 이후에 조금씩 음절 수를 늘려 가는 방법입니다.
- 노래처럼 들려주는 방법도 있습니다. **"무~~~울~~~줘~~~어."**를 반복해서 먼저 익히게 하고, **"무~~울 (끊고) 줘~~~어~~~."**, - **"무~~~울 줘."** - **"물 줘."** 이런 식으로 단계를 정해 정상적인 발화로 이끌어 주는 방법도 효과가 있습니다.

언어 교육은 의미 교육과 문장 교육으로 나눌 수 있는데요, 이때 양육자에게는 선택과 집중이 필요합니다. 만약 아이가 두 단어 발화가 안 되어 이 문제를 해결하고 싶다면 우선 의미를 신경 쓰지 말고 오직 문장을 늘리는 데에만 중점을 둬야 합니다. 이것이 가장 먼저 우선해야 할 대원칙입니다.

그다음은 어떻게 문장을 늘릴 것인가의 문제인데요, **"우유 주세요."**는 5음절이라서 이를 한꺼번에 모두 말하는 것은 아이에게 다소 벅찰 수도 있습니다. 그러니 우선은 짧으면서도 소통에 필요한 최소 요소가 모두 포함된 형태인 **"물 줘."**를 먼저 발화하게 하고, 그 이후에 차차 늘려 가는 편이 좋습니다. 보통 이런 아이들은 자동차를 '빵빵', 토끼를 '깡충', 강아지를 '멍멍' 하는 식으로 표현하기도 하는데요, 지금은 이런 유아어라도 괜찮습니다. 문장을 늘리는 동시에 유아어도 바꾸려고 하면 아이는 오히려 혼란스러워할 수 있으니 우선은 '빵빵'을 '자동차'로 바꾸려고 하지 않는 것이 좋습니다. 즉, 의미까지 손대려고 하지 말고 우선은 아이가 **"빵빵."**에서 **"빵빵 가."**로 한 단계 더 넘어가는 데에만 집중해야 합니다. 아이가 길어진 문장에 익숙해지면 그다음 의미 교육을 할 때 '빵빵'을 '자동차'로 바꿔 줍니다.

덧붙이자면 문장 구성과 의미 중 무엇이 더 중요하고 덜 중요한 건 없습니다. 또 반드시 문장을 먼저 늘리고 그나음에 의미를 바로잡아야 하는 것도 아닙니다. 아이의 언어 능력에 맞추면 됩니다. 한 단어 발화는 되지만, 두 단어 발화는 안 되는 경우라면 우선은 쉬운 단어, 익숙한 단어를 문장으로 만드는 연습이 중요하니 여기에만 집중하십시오. 그러다 **"빵빵 가."**를 잘하면 **"자동차 간다."**로 바꾸고, 이마저도 잘하면 **"자동차가 지나간다."**로, 이후에는 **"자동차가 빠르게 지나간다."**로 단계를 높여 나가면 됩니다.

두 단어 발화의 팁을 하나 더 말씀드리면, 아이가 교육 초기에 잘 따라 하지 못할 경우 억양을 넣고, 말을 연장해서 노래처럼 들려주는 방법을 시도해 볼 수 있습니다. 그러면 아이도 그냥 말하는 것보다 훨씬 재미를 느끼기 때문에 더 빨리 습득할 가능성이 있습니다. **"무~~~울~~~줘~~~어~~~"**로 시작해 잘 따라 하면 **"무~~~울~~~ (끊고) 줘~~~ 어~~~" - "무~~~~~울 (끊고) 줘." - "물 줘"** 이렇게 단계별로 바꾸는 겁니다. 사실 이렇게 계속 반복한다는 게 양육자 입장에서 절대 쉬운 일은 아닙니다. 게다가 억지로 하게 만들 수도 없고, 스스로 재미를 느끼게 해 줘야만 합니다. 결국 양육자의 인내가 필요한 일입니다. 언어 교육에 올바른 방법은 있지만, 왕도는 없습니다.

Q 완전한 문장을 구사할 수 있도록 도움을 주는 방법은 무엇인가요?

핵심만 간단히

◆ 언어 발달 측면에서 성인과 자유롭게 의사소통이 될 정도가 되려면 5세는 되어야 합니다.

◆ 다만 그 이전부터 완전한 문장을 만들 수 있도록 유도할 수는 있는데, 크게 세 가지 기법이 있습니다.

- 확대: 아이가 **"꽃 줘."**라고 한다면 이 말을 받아서 **"예쁜 꽃 줘."**, **"장미꽃 줘."**처럼 단어에 의미를 더해 주는 방법입니다.
- 확장: 문장을 조금 더 복합적으로 만들어 주는 방법입니다. **"꽃 줘"**는 **"꽃을 줘."** - **"꽃을 저에게 주세요."** 등으로 점점 복합성을 높여 나갈 수 있습니다.
- 문장의 재구성: 문장을 분리하거나 합치는 기법입니다.
  "곰돌이가 찾았어. 꿀."이라고 말하면 **"곰돌이가 꿀을 찾았구나."**로 바꿔 주기, **"놀이터. 미끄럼틀 갔어."**라고 한다면 **"우리 놀이터에 갔지. 미끄럼틀을 탔어. 재미있었지?"**처럼 문장 구성을 바꿔 말하여 아이가 문장을 재구성하는 데 익숙해지도록 합니다.

아이가 언어 발달 측면에서 성인과 자유롭게 소통할 수 있는 시기는 대략 5세 정도입니다. 이때쯤 되면 성인 언어 체계의 주요 구성 요소들을 모두 습득한 상태가 됩니다. 문장과 문장을 연결할 수도 있고, **"나는 밥을 먹고 누나와 놀 거야."**처럼 어미를 사용하거나, **"나는 밥을 먹을 거야. 그리고 누나와 놀 거야"**처럼 접속사를 사용해 문장을 결합할 수도 있습니다. 만 3세 정도라면 일반적으로 주어 · 동사 · 목적어를 사용해 한 번에 3~4단어를 연결할 수 있는 수준이 됩니다. 물론 그 이전에도 완전한 문장을 만들 수 있도록 다양한 방법으로 연습하면 언어 발달에 도움이 됩니다. 보통은 25개월 정도부터 교육하는 걸 추천하지만 그 이전이라도 아이가 말을 잘한다면 시도해 봐도 괜찮습니다. 단 너무 욕심내서 이르게 교육하는 건 금물입니다.

1. 확대

단어의 의미를 넓힐 수 있는 방법인데요, 아이가 **"꽃 줘."**를 능숙하게 한다면 이제는 확대 기법을 통해 표현을 조금 더 풍부하게 할 수 있습니다. **"빨간 꽃 줘."**, **"예쁜 꽃 줘."** 처럼 꾸미는 말을 추가하거나, **"장미꽃 줘."**, **"나팔꽃 줘."**처럼 정확한 정보를 담을 수도 있습니다. 다른 예로 '공' 같은 것도 가능하겠죠. **"큰 공 줘."**, **"작은 공 줘."**, **"농구공 줘."**, **"축구공 줘."** 등등입니다. 이런 확대 기법을 잘 활용하면 아이의 어휘력을 풍성하게 할 수 있습니다. 다만 중요한 점은 아직 **"꽃 줘."**도 제대로 하지 못하는 아이에게는 효과가 없습니다. 걷지도 못하는데, 뛰라고 한다면 아이는 걷는 행위 자체를 포기해 버리고 맙니다. 같은 맥락으로 **"꽃 줘."**에서 다음 단계로 넘어가 **"예쁜 꽃 줘."**라고 했을 때 이걸 잘하면 그때 **"큰 꽃 줘."**로 넘어가야지 다양한 개념을 동시에 억지로 집어넣으려고 무리해서는 안 됩니다. 반복과 인내라는 원칙은 여기서도 마찬가지입니다. 천천히 한 걸음씩 해 주세요.

2. 확장

문장 자체를 길게 만들 수 있도록 합니다. **"꽃 줘."**를 **"꽃을 줘."** 혹은 **"꽃을 나에게 줘."** 등으로 변형해서 조금 더 복합적인 문장으로 만들어 주는 방법을 확장이라고 합니다. 이때 양육자는 연령별 조사 발달표를 참조해 수준에 맞게 사용하는 편이 좋습니다.

연령별 조사 발달표

발달 연령	문법 요소		예시
2세	함께라는 뜻을 내포하는 말	랑	엄마랑
		하고	물하고, 우유하고
		도	엄마도
	대상 혹은 일정한 범위를 뜻하는 말	한테	엄마한테
		(으)로	저기로, 숲속으로
		에(서)	비행기에, 집에서
	주체를 이르는 말	가/이	아빠가
3세	문장에서 어떤 대상이 화제임을 나타내는 말	는	누나는
	목적물이나 대상임을 나타내는 말	을/를	밥을, 딸기를
4세	수단이나 도구를 나타내는 말	로	망치로

만약 만 2세 정도인 아이에게 조사 '랑'의 의미를 알려 주고 싶다면, 그냥 일상에서 많이 노출하는 방법이 최고입니다. 아이를 앉혀 놓고 억지로 가르쳐서 될 일이 아니라는 거죠. 자연스럽게 아이가 **"엄마 놀자."**라고 한다면 **"응, 엄마'랑' 놀까? 강아지'랑' 언니'랑'도 같이 놀자. 지윤이는 누구'랑' 놀고 싶어?"** 이런 식으로 아이가 자연스럽게 '랑'을 사용할 수 있도록 합니다.

주의할 점이 하나 있는데요, 확대와 확장을 동시에 사용하지 말아야 합니다. 빨리 가르치려는 욕심은 언제나 아이를 힘들게 합니다. 조사도 붙이고, 관형어나 부사어도 붙이면 아이는 당연히 헷갈립니다. 상황에 따라 오늘은 확장을 할지, 확대를 할지 정하고 그 부분에만 집중해야 합니다.

3. 문장 재구성

문장의 분리 및 합성 기법이라고도 하는데요, 아이의 언어를 서로 합쳐 한 문장으로 만들거나, 여러 문장으로 쪼개면서 다양하게 변화를 주는 방법입니다. 이 시기의 아이는 자기 나름대로는 노력을 하지만 완전한 문장을 구사한다고 보기에는 무리가 있는데요, 이 방법을 통해 더 자연스러운 문장으로 바꾸는 연습을 할 수 있습니다.

아이: 곰돌이가 찾았어. 꿀 찾았어.

양육자: 곰돌이가 꿀을 찾았구나.

아이: 놀이터에 갔어. 미끄럼틀 탔어.

양육자: 맞아. 놀이터에 가서 미끄럼틀을 탔어. 재미있었지?

아이: 손에 비누를 씻어.

양육자: 손을 씻어. 비누로 씻어

이런 식으로 변형하는 방법입니다. 확대, 확장, 문장 재구성 세 가지 방법을 통해 꾸준히 접근하다 보면 아이의 말은 점점 더 완성도 높은 수준을 향해 나아갈 것입니다.

Q 미디어 노출은 언제부터 해 주는 것이 좋을까요? 미디어를 접하면 말이 빨리 는다고 하는데 사실인가요?

핵심만 간단히

- 24개월 이후부터는 미디어 노출을 해도 괜찮지만 하루 권장 시간은 30분 내외입니다.
- 미디어 노출과 언어 발달의 관계에 대해서는 쉽게 결론을 내릴 수 없습니다. 실제로 정말 언어가 발달할 수도 있고, 어떤 아이들의 경우 언어는 늘지만 사회성이 낮아지기도 합니다. 또한 말을 잘하는 것처럼 보여도 화용 능력은 낮거나 미디어를 통해 여러 사람의 발화와 효과음 등을 받아들이는 과정에서 혼동을 일으켜 발음이 부정확해지는 경우도 있습니다.
- 가능하다면 양육자가 아이와 함께 시청을 하면서 상호작용을 하는 방식으로 활용하기 바랍니다.

미디어 노출을 언제, 어떻게 하느냐에 대한 문제는 부모님들 사이에서 이런저런 의견들이 많습니다. 대부분 24개월 이전에는 좋지 않다는 건 알지만 그 이후 어떻게 할지에 대해서는 좀 갈리는 편인 것 같습니다. 학자들은 이와 관련해서 다양한 연구를 하고 있는데요, 대부분 결론은 비슷합니다.

24개월 이전에는 미디어 노출을 하지 말아야 합니다. 그 이후에는 딱히 문제가 되는 건 아니지만 하루 30분 이내를 권하고 있습니다. 알아 두어야 하는 건 24개월 이후의 미디어 노출이 아이 언어 발달에 '좋다'라는 개념은 아닙니다. '나쁘지 않다'는 쪽에 좀 더 가깝습니다.

관련해서 소아 청소년 의학지에 실린 실험이 있습니다. 미국 마이애미 밀러 의대 제프리 브로스코 교수팀에서 12~25개월 아기를 두 그룹으로 나눴습니다. 그중 한 그룹에만 시중에 판매되는 두뇌 발달용 DVD를 보여 준 다음 두 그룹을 대상으로 언어 발달 정도를 테스트했습니다. 결과는 어땠을까요? 두뇌 발달 DVD를 본다고 해서 언어 능력이 특별히 더 발달하지 않았으며, 오히려 DVD를 일찍 보기 시작한 아이일수록 언어 발달이 느렸다고 합니다.

많은 부모님들이 양육의 부담을 덜기 위해 혹은 양육의 편리를 위해 미디어 노출을 선택하는 경우가 많습니다. 게다가 주위에 보면 미디어 노출을 했더니 언어가 늘었다고 말하는 사람들도 왕왕 봅니다. 그런 얘기를 들으면 '양육도 편리하고, 언어도 빨라진다는데 우리 아이도 교육적으로 괜찮은 프로그램은 좀 보여 줘야 하는 건 아닐까?' 하는 생각이 들 수밖에 없지요. 사실 여기에는 다양한 가능성이 있습니다. 어쨌든 언어 자극이 되니까 어휘력이 좋아진 것처럼 보이지만 사회성은 낮아질 수도 있고, 혼자 말하는 건 잘하지만 막상 대화를 나눠 보면 화용 능력은 낮은 경우도 있습니다. 물론 별문제 없이 언어가 잘 성장하는 아이도 없지는 않습니다만, 발달이 느려지는 경우가 더 많았습니다. 너무 다양한 사례들이 있는 만큼 정확히 결론을 낼 수 없는 문제입니다.

간혹 미디어 노출을 통해 아이의 언어가 많이 늘었다는 부모님과 얘기를 나눠 보면 하루 30분 정도씩 보여 주긴 하지만 그 외 시간에는 아이와 열심히 놀아 줬다고 합니다. 이런 상황이라면 아이의 언어가 성장한 이유가 미디어 때문인지, 언어 발달 놀이를 충실히 해 줘서인지 알 수 없지요.

이런 다양한 경우의 수가 있다는 사실을 염두에 두면 좋겠고요, 이 책에서는 그나마 가장 현명하게 미디어를 활용하는 방법을 말씀드리도록 하겠습니다. 저는 공동 시청이 가장 좋다는 입장인데요, 이 역시 앞에서 계속 얘기했던 상호작용과 관련 있습니다. 미디어 노출이 문제가 발생하는 이유를 따져 보면 아무래도 보고 듣는 것은 많은데, 말을 하지는 않는다는 데 있습니다. 미디어 노출이 많은 아이들에게 나타나는 가장 흔한 현상이 수용언어 능력은 좋지만, 표현언어 능력은 낮다는 것인데 그 이유가 바로 여기에 있습니다.

그러니 미디어를 틀어 주고 아이 혼자 보게 할 게 아니라, 같이 보면서 계속 대화를 이어 가게 되면 보기, 듣기, 말하기가 다 가능한 만큼 언어가 성장할 여지가 많아집니다. 물론 그렇다 하더라도 30분을 넘기지 말아야 합니다. 그냥 막연히 하루에 2~3시간씩 아이에게 영상물 등을 보여 주면 거의 대부분 문제가 생기기 마련입니다. 이와 관련해서는 다음 질문에서 좀 더 구체적으로 다뤄 보겠습니다.

Q 아이가 어린이 유튜브 채널을 보는 걸 너무 좋아합니다. 권장 시간을 넘겨서 보여 주면 어떤 문제가 생길 수 있나요?

핵심만 간단히

- 미디어 노출이 너무 많으면 언어는 물론 정서와 사회성 등에도 문제가 생길 수 있습니다.
- 심한 경우 미디어 증후군에 걸릴 수도 있습니다. 미디어 증후군의 별칭은 유사 자폐인데요, 그만큼 자폐 스펙트럼 장애와 양상이 비슷합니다.

개인적으로 아이들에게 미디어 노출은 절대 안 된다고 주장하지는 않습니다만, 정말로 신중할 필요가 있습니다. 이 문제를 중요하게 다루어야겠다고 생각한 이유는 최근 들어 과도한 미디어 노출로 인해 문제 상황에 빠지는 아이들이 점점 많아지는 추세이기 때문입니다. 처음엔 30분은 괜찮겠거니 생각해서 교육에 도움이 될 것 같은 채널을 보여 줬는데, 어느 순간 아이가 울고불고 떼를 쓴다는 이유로 칼같이 끊어 내지 못해 노출 시간이 점점 늘어나기도 하고, 아이가 이것저것 만지다가 다른 채널을 시청하는 경우도 발생합니다. 심해지면 하루에 4시간, 5시간씩 보게 되는데 정말정말 위험합니다.

미디어 노출이 많으면 우선 언어가 느려지고 산만해질 수 있습니다. 언어란 듣기와 말하기로 구분되는데, 계속 미디어를 보고만 있으면 말할 일도 없고 누가 말을 걸지도 않습니다. 듣는 언어와 말하는 언어 사이에 편차가 생겨 버립니다. 또 미디어를 접하다 보면 효과음와 배경음이 말소리와 섞여서 들리기 때문에 발음에 악영향을 미칠 수도 있습니다. 보통 언어가 느린 친구들이 발음도 안 좋은 경우가 많은데요,

발음은 구강 근육과 관련되어 있습니다. 아직 어려서 근육이 말랑말랑할 때 말을 많이 해야 발음도 좋아지는데, 미디어를 통해 가뜩이나 발음을 정확히 듣지도 못하는 와중에 말도 많이 하지 않으니 발음이 부정확해지는 겁니다. 시간이 지나 근육이 굳어 버리면 그때는 어찌해도 어찌할 수 없는 지경까지도 가 버릴 수 있습니다.

과한 미디어 노출이 가져오는 또 하나의 문제는 산만함입니다. 아이들을 대상으로 뇌파를 측정해 보면 보통 30분 이전에는 받는 자극이 낮아도 만족하지만 30분이 넘어가면 그때부터는 점점 더 센 자극을 찾게 됩니다. 디지털 기기에 익숙한 나머지 뇌가 현실에 무감각 또는 무기력해지는 팝콘브레인이 되어 버리는 것이죠. 게다가 산만한 아이들은 기다림을 힘들어합니다. 누르기만 하면 바로바로 바뀌는 스마트폰의 즉각적인 반응에 익숙해진 탓입니다. 정말 심한 아이들은 유튜브 로딩 시간조차도 기다리지 못하고 짜증을 냅니다. 이런 아이가 사람과 관계 맺기를 제대로 할 수 있을 리 없습니다. 어떤 사람도 스마트폰보다 빨리 반응해 주지는 못 할 테니까요.

그나마 이 정도 수준에서 양육자가 각성하고, 바로잡아 주면 다행입니다. 더 심한 경우 나타날 수 있는 증상이 미디어 증후군입니다. 미디어 증후군의 별칭은 유사 자폐인데요, 자폐 스펙트럼 장애와 구분이 가지 않을 정도로 비슷하다는 특징이 있기 때문입니다. 주요한 증상은 크게 6가지로 나눌 수 있습니다.

1. 놀잇감보다, TV 모니터 및 휴대전화 화면에만 관심을 보인다.

2. 미디어를 볼 때 무표정하고 움직임이 없다.

3. 말에 반응이 없다.

4. 의사소통이 아닌 미디어에 나온 단어만 혼자서 웅얼거린다.

5. 학습 및 인지 능력이 지연된다.

6. 친구들과 어울리지 않는다.

자폐 스펙트럼 장애의 특징도 비슷합니다. 언어가 느리고, 사회성이 낮고, 놀이 발달이 잘되지 않습니다. 똑같은 놀이를 계속 반복하는 상동 행동(양식이 일정하고 규칙적으로 반복되는 행동)이 나타나기도 합니다. 그래서 어떤 친구들은 자폐 스펙트럼 장애인지, 미디어 증후군인지 구별하기 어려울 때도 있습니다. 아이가 문제 행동을 보여서 찾아왔는데 양육자와 얘기를 나눠 보니 하루에 핸드폰을 6시간씩 보여 줬다고 합니다. 양상은 자폐 스펙트럼 장애와 완전히 같습니다. 이렇게 되면 일정 기간 치료(약 2~3개월)를 해 봐야 명확하게 진단을 내릴 수 있습니다. 미디어 증후군일 때는 3달 정도 꾸준히 치료하면 조금씩 좋아지기 마련입니다. 이렇게 된 원인 자체가 제대로 된 언어 자극을 받지 못해서 그런 것이니까요.

이야기를 마무리하겠습니다. 아이가 24개월이 넘어가면 미디어 노출을 고려할 수 있습니다. 어떤 측면에서는 아이에게 도움이 되고, 양육자도 편해지는 효과가 있으니 무조건 반대할 이유는 없습니다. 다만 어떤 경우라도 반드시 권장 시간을 엄수해야 합니다. 아이가 아무리 원하고 떼쓰더라도 엄격하게 관리해야 합니다. 이것만 잘 지켜도 미디어로 인한 문제는 충분히 막을 수 있습니다.

Q 자폐 스펙트럼 장애에 관해 알려 주세요.

핵심만 간단히

- 자폐 스펙트럼 장애는 36개월 이후에 진단을 내릴 수 있지만, 그 전에도 양상은 나타날 수 있습니다.
- 혹시 자폐 스펙트럼 장애가 의심된다면 150쪽에 나오는 자폐 스펙트럼 장애 간편 검사를 확인해 보십시오.

사실 자폐 스펙트럼 장애는 많은 부모님이 걱정하는 것이기도 합니다. 실제로 단순하게 언어가 늦은 줄 알고 방문했다가 자폐 스펙트럼 장애 판정을 받는 경우도 있습니다. 정확하게 자폐 스펙트럼 장애라는 판정을 내리기 위해서는 36개월이 지나야 하지만 그 전에도 단순히 언어가 지연된 아이들과는 크게 다른 네 가지의 양상이 있습니다.

1) 사회성

유아기부터 엄마와 눈을 맞추지 않는다거나, 소리를 들을 수는 있으면서도 고개를 돌려 쳐다보지는 않습니다. 대부분의 부모님들은 청력에 이상이 있다고 생각하고 이비인후과를 찾아가기도 합니다. 안아 주어도 좋아하지 않고, 몸을 뻗치면서 밀어내거나, 어머니를 보고도 안아 달라는 자세를 취하지 않습니다. 부모님은 이를 두고 마치 나무토막을 안은 느낌이라고 표현하기도 합니다. 사회적인 미소, 낯가림, 분리불안을 보이지 않는 점 때문에 애착 관계 문제처럼 보이기도 합니다. 또래 아동들에 대해 전혀 관심도 없고 같이 놀지도 못합니다. 다른 사람과 공감을 느끼는 관계 형성이 이루어지지 않습니다.

2) 언어

언어 발달이 거의 일어나지 않거나 지연이 있습니다. 시기가 지났는데도 전혀 말이 없거나, 괴상한 소리를 지르거나, 인칭 대명사를 제대로 사용하지 못하거나, 반향어(상대의 말을 그대로 따라 하는 모습)를 사용합니다. 언어 발달이 일어나더라도 말의 의미를 적절하게 이해하지 못하고 특히 상황에 맞추어 대화를 이끌어 가지 못합니다. 예를 들면 식사를 하기 위해 가족 모두가 메뉴를 상의하는데 아이는 자동차에 관해서만 쉴 새 없이 계속 이야기하는 경우입니다.

3) 놀이

놀이의 형태가 일반 아동들과 다릅니다. 의도가 있는 놀이가 없고, 모방 놀이가 되지 않고, 상상력이 필요한 놀이가 잘 안 되는 경향이 있습니다. 또한 놀이 형태가 단조롭고 다양성이 결여되어 있는 경우가 대부분입니다. 장난감을 가지고 놀 때도 장난감의 기능이나 목적에 맞게 노는 게 아니라 단순하고 기계적인 양상을 보입니다. 또 장난감을 일렬로 세워 놓는 경우도 많습니다. 만약 양육자가 이 일렬을 바꾸면 다시 원래대로 나열되기 전까지 짜증을 내거나 우는 등 부정적인 반응을 보입니다. 혹은 같은 색깔로만 모아 둔다거나 크기 순서대로 나열하기도 하는데 마찬가지로 그 기준에 어긋나면 몹시 불안해하기도 합니다.

4) 행동

강박적인 행동, 자해적인 행동, 충동적인 행동 등이 관찰됩니다. 혹은 신체의 부위를 움직인다거나 소리 내기를 반복하는 상동 행동을 할 수도 있습니다. 특정 상황에서 상동 행동을 하기도 하고, 일정한 박자를 띤 행동을 하는 경우도 있는데요, 예를 들어 몸통을 자꾸 기울였다 폈다 하는 행동을 반복하거나 손을 계속 흔드는 행동,

원을 그리며 계속 돌아다니는 행동, 똑같은 말을 계속하는 행동 등이 나타납니다. 변화에 대한 저항도 극심하여 항상 일정한 것만을 고집하고 편식이 심합니다. 외부 자극이 있을 때 어떤 자극에는 과장되게 반응하고 어떤 자극에는 아예 반응을 보이지 않거나 괴이한 반응을 보이는 등 감각에 불균형한 모습을 보입니다. 예를 들어 천둥소리에는 아무런 반응이 없으나 전화벨 소리에는 소스라치게 놀랍니다. 소수지만 갑작스러운 기분 변화를 보여 특별한 이유 없이 울거나 웃기도 합니다. 그 외 과잉 운동이 심하여 주의가 산만하고 부산하며 가만히 있지 못하고 아무 물건이나 만지는 모습도 있습니다. 간혹 특정 분야(그림, 단순 기억, 계산, 음악)에서 놀라운 기능을 보이기도 합니다.

전문적인 판단 기준을 충족하는 것은 아니지만, 직관적으로 파악할 수 있는 자폐 스펙트럼 장애 간편 검사표를 첨부합니다.

자폐 스펙트럼 장애 간편 검사표

1) 정상적인 교육 방법들을 받아들이지 않는다.

2) 위험 상황에서도 위험하다고 느끼지 않는다.

3) 물체를 돌리는 버릇이 있다.

4) 얼러 주어도 반응이 없다.

5) 눈을 마주치지 않는다.

6) 쌀쌀맞은 태도를 보인다.

7) 엉뚱한 상황에서 소리 내어 웃거나 킥킥댄다.

8) 고통에 반응이 없다.

9) 대화의 의도를 이해하지 못하고 단순히 말을 따라한다. 예를 들어 "가겠니?"라고 물으면 똑같이 "가겠니?"라고 말한다.

10) 이상한 놀이에 집중한다. 예를 들면 장난감 자동차를 든 채 공중에서 바퀴를 계속 굴리고 있다거나, 장난감의 줄을 세운다거나 끊임없이 손을 흔들기도 한다.

11) 공을 차지 않고 그냥 가지고 논다.

12) 다른 아동과 잘 지내지 못한다.

13) 대근육과 소근육이 골고루 발달되어 있지 않다.

14) 일상생활에 변화가 있을 때 이를 잘 수용하지 못한다.

15) 신체적으로 과다 활동 혹은 과소 활동 양상을 보인다.

16) 별다른 이유 없이 성질을 부리거나 운다.

17) 마치 들리지 않는 것처럼 행동한다.

18) 몸짓으로 요구를 나타낸다.

19) 물체에 불필요한 집착을 한다.

만약 위 19가지 항목 중에서 7가지 이상의 항목에 해당하고, 그 행동들이 지속적이며 아동의 생활 연령에 맞지 않는다면 다른 진단 평가 및 전문가와 상의를 해야 합니다.

사실 발달센터에 있다 보면 다양한 친구들을 만나게 되고, 간혹 자폐 스펙트럼 장애가 의심되어 진단을 권고해야 할 때도 있습니다. 그 순간이 저 역시 쉽지 않습니다. 자폐 스펙트럼 장애라고 말씀드리면 부모님들은 대부분 자책하십니다. "그때 스

트레스만 안 받았으면, 무리를 안 했으면, 그때 약을 안 먹었으면…." 모든 이유를 들어 본인 탓으로 돌리지만, 자폐 스펙트럼 장애의 원인은 정확하게 알려져 있지 않습니다. 여러 연구에 따르면 유전자와 태아기의 환경 조건 같은 외부 요인 간의 상호작용으로 인해 발생할 수 있다고 알려져 있습니다만, 역시 명확한 원인은 아닙니다. 현재로서는 모든 것이 불명입니다.

또 여기서 유전적 원인이라는 표현은 부모가 아이에게 자폐 스펙트럼 장애 유전자를 물려주었다는 뜻이 아니라, 어떤 의미로든 유전자가 정상적인 기능을 하지 못했다는 것을 말합니다. 이런 유전자 문제가 임신 초기 태아의 뇌 발달에 영향을 주며, 특히 사회성을 담당하는 뇌 영역과 회로가 제대로 기능하지 못하게 만드는 것입니다. 세간의 오해와 달리, 자폐 스펙트럼 장애는 예방 접종을 잘못 맞았거나 잘못된 양육 방식으로 아이를 키워서 발생하는 것이 아닙니다.

여기서 알아야 할 것은 스펙트럼이라는 말의 개념입니다. 스펙트럼은 어떤 성향이 보인다는 뜻입니다. 성향은 경향성을 띠기 때문에 성향이 강하게 드러나는 경우도 있고 미미하게 드러나는 경우도 있습니다. 또한 최근에 자폐성 장애 판정을 받는 아이들이 많아지고 있기도 한데, 그 이유는 예전보다 장애를 판정하는 기준 범위가 넓어진 영향도 있습니다. 부모님들 중에서는 치료할 수 있냐고 물어보시기도 하는데, 완전한 치료가 가능한 건 병이라고 합니다. 그럴 수 없기 때문에 장애라는 이름이 붙습니다. 다만 노력했을 때 아이가 가진 능력 안에서 최상의 조건을 만들어 낼 수는 있습니다. 모든 자폐 스펙트럼의 최종 목표는 자립, 즉 주변의 도움이 없이 살아갈 수 있도록 하는 데 있습니다. 만약 아이가 자폐 스펙트럼 장애가 있다면 다음 몇 가지는 꼭 조언을 드리고 싶습니다.

1. 아이들은 성장하고 발전할 엄청난 기회가 있습니다

아이의 한계를 짓지 마세요. '우리 아이는 자폐니까 안 될 거야.'라고 생각하고 부모가 먼저 포기해 버리면 아이는 그 안에 갇히게 됩니다. 한계 이상의 목표를 세우라는 이야기가 아니라 시도조차 하지 않고 포기하는 부모님들이 있어서 말씀을 드리는 것입니다. 많은 경험을 할 수 있도록 도와주세요.

2. 다른 부모들과도 모임을 갖거나 교류하세요

아이가 자폐 스펙트럼 장애가 있으면 비장애 부모님과의 교류를 꺼리는 부모님들이 있습니다. 자폐 스펙트럼 장애의 대표적인 특성은 사회성 결여입니다. 부모님들이 다른 가족과 어울리기 위해 노력해야 아이의 사회성도 좋아질 수 있습니다. 그리고 다른 부모님과 한자리에 모여 양육 과정에서 마주하게 되는 부담감, 스트레스 등을 공유하는 것이 무엇보다 중요합니다.

3. 책이나 인터넷에 나온 정보를 무조건적으로 믿지 마세요

100명의 자폐 스펙트럼 장애 아동이 있다면 100명이 조금씩 다 다릅니다. 책에 나온 사례가 우리 아이에게 100% 맞지 않을 수 있습니다. 습득한 정보는 꼭 전문가와 상의하세요.

4. 자신을 돌보세요

부모가 건강해야지 아이가 건강합니다. 우리가 앞으로 가는 길은 단거리 질주가 아니라 장기간 뛰어야 하는 마라톤입니다. 꼭 일주일에 한 번은 나를 위한 시간을 가지세요. 내가 어디를 갔을 때 행복했는지, 무엇을 먹었을 때 즐거웠는지 이러한 행복이 내 삶에 있어야 아이에게 행복을 가르칠 수 있습니다.

4 · 언어가 성장하는 놀이

1 범주 놀이

목표 세부적인 사물 명칭과 함께 범주의 개념과 범주어를 습득할 수 있습니다.

준비물 동물 장난감, 과일, 야채 등 혹은 범주어 카드도 가능

놀이 방법

① 각각 종류별로 다양한 물건을 놓는다. 예를 들면 과일 3개, 동물 3개, 자동차 3개

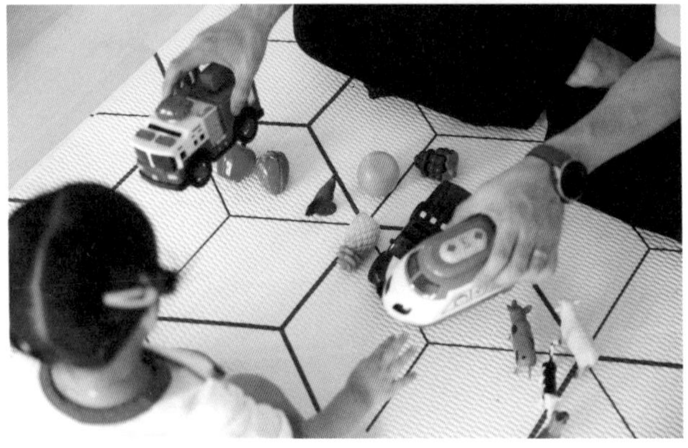

② 각각 장난감을 들면서 이름을 말해준다.

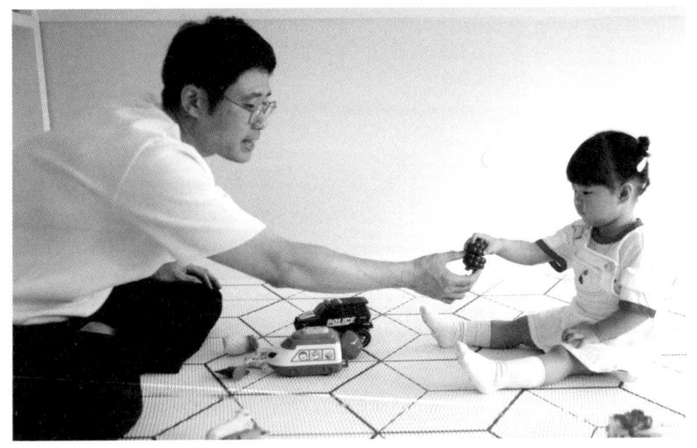

③ 양육자는 장난감을 종류별로 몇 개씩 분류하는 모습을 보여주고, 남은 장난감을 가리키며 말한다. **"포도 친구가 외롭대. 누구랑 놀아야 할까?"**

④ 아이가 맞게 놓으면, 양육자는 다른 장난감을 가리키면서 말한다. **"파인애플 친구도 외롭대. 누구랑 놀아야 할까?"**

– 만약 아이가 잘 모른다면 알려 준다. **"사과 친구는 강아지 친구랑 같이 들어가면 안 되는데~~~"**

원쌤의 팁

◆ 아이 수준에 따라 쉽게도 어렵게도 할 수 있습니다.

쉬운 버전 : 미리 바구니에 동물 장난감 1~2개, 다른 바구니에는 과일 장난감 1~2개 정도를 넣어 둡니다. 그러면서 **"동물 가게에는 어떤 친구들이 있어야 할까?"** 이런 식으로 힌트를 줍니다.

어려운 버전 : 다양한 물건을 무작위로 놓고 어떠한 힌트도 주지 않은 채 분류해 보라고 합니다.

◆ 과일, 동물, 야채뿐만 아니라 '놀이방에 있는 친구들', '주방에 있는 친구들', '화장실에 있는 친구들'처럼 다양한 범주로 할 수 있습니다.

2 작아요, 커요

목표 '크다/작다'라는 개념을 인지하고 '더 크다, 매우 크다, 가장 크다, 작다, 더 작다, 매우 작다, 가장 작다' 등 비교급과 최상급의 개념을 익힙니다.

준비물 집 안에 있는 다양한 물건이 필요하지만 따로 모아 놓거나 분류하지는 않음

놀이 방법

① 처음엔 작은 사탕 같은 것을 보여 준다. 그다음 사탕보다 더 큰 물건을 가지고 와 보라고 한다.

"사탕보다 더 큰 건 뭐가 있을까? 한번 찾아 볼래?"

② 아이가 물건을 가지고 오면 **"더 큰 거 가지고 와 봐."**를 반복한다. 예를 들면, **"연필보다 더 큰 걸 가지고 와 봐."**

③ 이런 식으로 반복한다.

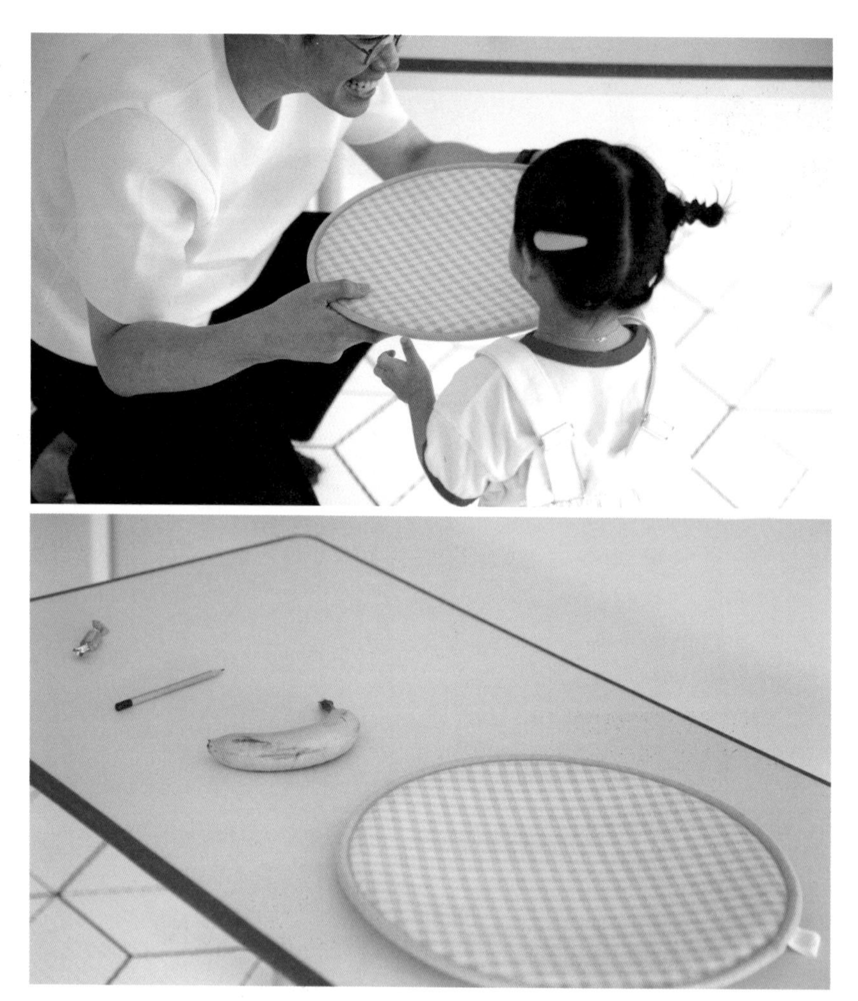

만약 아이가 처음부터 너무 큰 걸 가지고 오면 이것보단 작고 사탕보다는 큰 걸 가지고 와 보라고 지시한다.

원쌤의 팁

- '작은 것, 긴 것, 짧은 것' 등으로 할 수도 있고, 사물이 아니라 몸으로도 할 수 있습니다. 처음엔 웅크리게 한 뒤 더 크게 해 보라고 지시하는 방법입니다.

3 나는 누구일까요?

목표 신체나 물건의 세부 부분을 통해 전체와 일부의 개념을 파악합니다.

준비물 휴대폰 사진들

놀이 방법

① 휴대폰 사진을 확대해서 일부만 보여 준다

② 아이에게 퀴즈를 낸다.

"이것은 무엇일까?", "이것은 어떤 부분일까?"

- 그 외 예시 : 자동차의 바퀴, 토끼의 귀, 강아지의 꼬리, 오리의 부리 등

원쌤의 팁

◆ 신체를 가지고 할 수도 있고, 전체를 보여 준 뒤 일부분을 찾도록 할 수도 있습니다.

예) **"이 비행기에서 날개를 찾아볼래?"**

4 보물을 찾아요

목표 '위, 아래, 안, 밖, 옆, 뒤' 등 위치어의 개념을 파악합니다.

준비물 위치를 메모한 포스트잇을 집 안 곳곳에 붙여 둠

놀이 방법

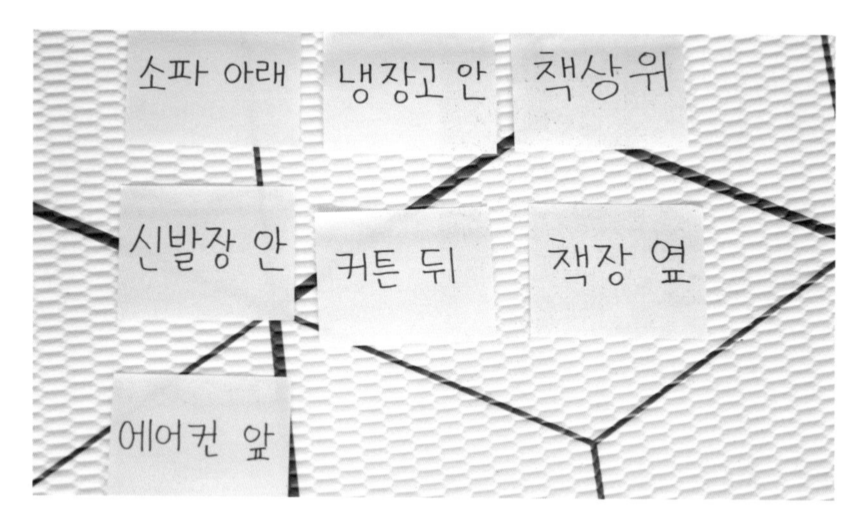

① 양육자는 미리 포스트잇에 다양한 위치를 쓴 뒤, 순서대로 집 안 곳곳에 붙인다. 그리고 최종 장소에는 아이가 좋아하는 인형을 넣어 둔다.

예시

포스트잇을 붙인 위치	메모 내용
거실	냉장고 안
냉장고	책장 옆
책장	커튼 뒤
커튼	책상 위
책상	에어컨 앞
에어컨	신발장 안

② 처음 시작할 때, 보물을 찾으려면 어디부터 살펴야 하는지 말해 주면서 다음 단서가 적혀 있는 메모를 찾게 한다.

양육자: **"보물을 찾으려면 우선 냉장고 안을 봐."**

③ 아이가 냉장고 안에서 다음 단서 메모지를 찾으면

양육자가 메모의 내용을 말해 준다. **"이제 책장 옆을 찾아 봐."**

(아이는 책장 옆으로 가서 다음 메모지를 찾는다.)

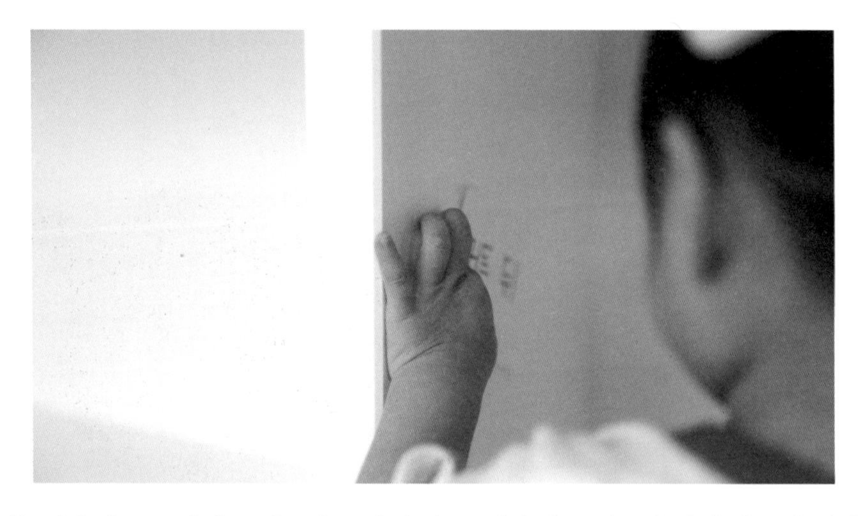

④ 이런 식으로 아이는 메모지를 찾게 하고, 양육자는 메모에 적힌 장소와 위치를 말해 준다.

⑤ 마지막 장소에서 아이가 좋아하는 인형이나 사탕 등을 찾으면 놀이는 종료.

- 아이가 못 찾는다면 힌트를 줘도 된다.

"거기는 위가 아니라 아래인데…. 위는 어디일까?"

- 이 시기의 아이는 대부분 아직 글을 읽지 못한다. 메모는 양육자가 순서를 잊지 않도록 하기 위한 장치로 활용한다.

5 의문문 놀이 - 뭐 하고 있어?

목표 의문사(누구, 무엇, 어디 등)를 이해하고 3어절 이상으로 말을 길게 표현할 수 있도록 합니다.

준비물 평소에 찍어 둔, 아이가 활동하는 모습 사진 혹은 주위 사람들의 사진

놀이 방법

① 평소에 찍어 둔 사진을 보여 주면서 **"누구야?"**라고 묻는다.

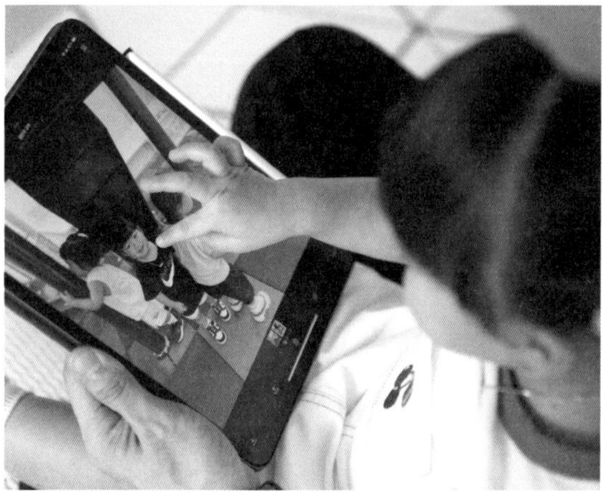

② 잘 말하면 다음에는 **"누가 뭐 하고 있어?"**라고 묻는다.

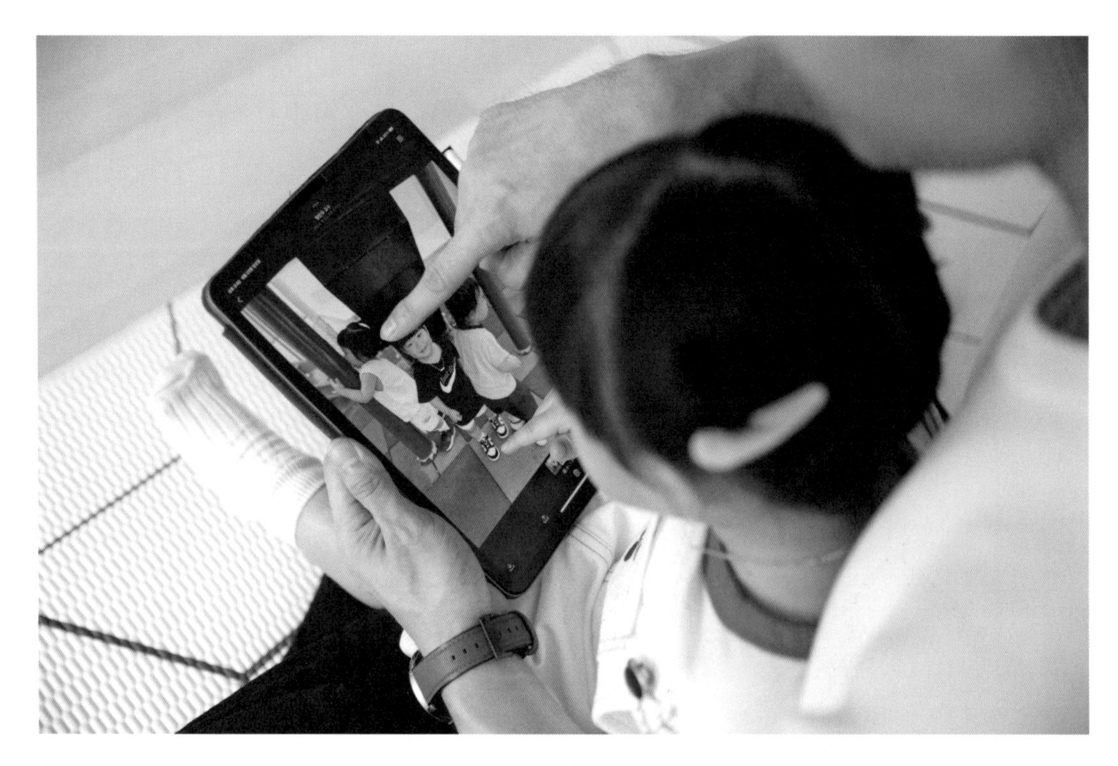

③ 그다음으로는 **"누가 어디서 뭐 하고 있어?"**라고 묻는다.

- 아이가 단답으로 짧게 말해도 양육자가 아이에게 두세 단어로 정확한 문장을 말해 주는 게 핵심이다.
  예를 들어, 아이가 **"놀이터 민우 미끄럼틀."**이라고 말했다면 양육자는 **"민우가 놀이터에서 미끄럼틀 탔지."**라고 정확한 문장을 말해 준다.
- 만약 장소를 가르치는 데만 집중하고 싶다면 '어디'만 물어보는 식으로 변형할 수 있다.
  "어디야?", "지금 민우는 어디 있어?", "아빠가 있는 곳은 어디야?" 등

<PART. 5>
37 ~ 48개월

1 • 체크해 보세요

수용

- □ '눈썹, 이마, 어깨, 혀, 무릎, 턱, 뺨, 허리' 등 이전 월령대에서 익힌 것보다 더 세부적인 신체 부위를 안다.
- □ '언제, 어떻게, 왜'로 시작하는 질문을 이해한다.
- □ '하나'와 '조금'의 차이를 인지한다.
- □ 문장의 주어가 복수임을 나타내는 '들'의 의미를 이해한다.
- □ 서로 관련 없는 세 가지의 지시를 수행한다.

  예) "차를 나한테 주고 앉아서 공 집어."
- □ 다른 방에 가서 한 번에 3개의 다른 사물을 가지고 온다.
- □ '위, 아래, 안, 밖, 앞, 뒤, 옆'의 의미를 비교하여 이해한다.
- □ 반대 개념을 이해한다.

  예) 길다-짧다, 춥다-덥다, 배고프다-배부르다, 빠르다-느리다, 일찍-늦게, 올라간다-내려간다

표현

- □ 초성에서 /ㄱ/ㅋ/ㄲ/등의 음소를 정확하게 사용한다.

  예) 가방, 카메라, 까치 등
- □ 종성에서 /ㅇ/ 음소를 사용한다.

  예) 어항, 피망, 안경 등
- □ 타인이 3개의 숫자를 말하면 순서대로 정확하게 모방한다.
- □ 8개 정도의 음절로 된 절을 모방한다.

  예) "집 앞에 강아지 있네.", "공룡 여기에 정리해." 등
- □ 생각이나 경험을 이야기할 때 단어를 조직적으로 배열하여 표현한다.

예) “친구랑 같이 놀이터에 갔어.”

☐ 2~3일 정도 지난 과거의 일을 기억해서 말한다.

예) “할머니 집에서 뭐 했니?”, “할머니 집에서 옥수수 먹었어.”

☐ 가상의 역할놀이를 하면서 혼자 이야기한다. 이야기를 꾸미는 것이 가능하다.

☐ 단어의 뜻을 묻는다.

☐ 900개 정도의 표현 어휘를 사용한다.

☐ 5곳 이상의 신체 부위를 말할 수 있고 그 기능에 대해서도 정확히 말한다.

예) “밥은 어디로 먹니?”, “밥은 입으로 먹어.”

☐ 과거 시제, 현재 시제, 미래 시제를 사용한다.

예) “아까 밥 먹었어.”, “세수하고 있어.” “~하는 중이야.”, “이따가 친구 집에 갈 거야.”

☐ 상자와 사물을 놓고 여러 가지로 위치를 바꾸면서 ‘안, 밖, 앞, 뒤, 위, 아래, 옆’ 등을 적절하게 구사한다. 한 문장 안에서 여러 위치 관련 표현을 사용하기도 한다.

예) “책상 위에 우유가 있고 밑에는 휴지가 있어.”

☐ “빨리”, “늦게”를 적절히 사용한다.

☐ 부사어를 사용한 네 단어 이상의 문장을 말한다.

예) “엄마, 문 빨리 열어.”

☐ 생리적 욕구를 표현한다.

예) “배고파.”, “졸려.”, “힘들어.”

☐ 사물의 특징을 설명한다.

예) “토끼는 귀가 길어.”, “하늘은 파랗다.”, “공은 둥글다.”

☐ 자신이 무엇을 원하는지 구체적으로 설명한다.

예) “밤이 들어 있는 옥수수 빵 줘.”, “변신하는 빨간색 자동차 가지고 놀고 싶어.”

☐ 한 문장에서 부사어와 형용사를 함께 사용한다.

예) “저 높이 있는 꽃은 예뻐.”

☐ 비교급 절을 사용하기 시작한다.

예) “언니가 더 커.”, “나는 빠르고 오빠는 느려.”

☐ 일상적인 활동에 대해 물으면 대답한다.

예) “지금 뭐 하고 있어?”, “소꿉놀이하고 있어.

☐ 자발적으로 복수형을 사용하기 시작한다.

예) 친구들, 사람들

☐ 부정어를 사용한다.

예) “이 옷은 안 예뻐.”, “토끼는 밥을 먹지 않아.”

목표 자음을 포함하여 구어 자극 제시

아이가 습득하기 어려운 자음이 있다면, 그 자음을 포함하는 단어나 문장을 자주 말하고 들려주는 것이 좋습니다. 예를 들어, 아이가 'ㅉ' 소리를 잘 내지 못한다면, **"짱아가 짱구랑 짝꿍이야.", "짱아는 짱구의 동생이야."** 등의 문장을 말해 주거나 들려주면서 아이가 따라 할 수 있도록 유도합니다.

다양한 조사 표현 활용

아이가 문법에 맞게 표현하기 시작하는 이 시기에는 다양한 조사를 사용하는 문장을 모델링해 줄 수 있습니다. **"엄마는 책을 읽어.", "엄마가 책을 읽어.", "엄마랑 책을 읽어."**처럼 비슷한 유형의 문장에서 조사만 바꿔 문법 기능의 변화를 일러 주면서 문장을 통해 아이가 문법을 이해하고 사용할 수 있도록 돕습니다.

다양한 의문문에 답할 수 있게 하기

아이가 질문을 많이 하는 이 시기에는 아이의 호기심을 존중하고, 가능한 한 정확하고 친절하게 답변해 주는 것이 좋습니다. 또한, 부모님도 아이에게 다양한 의문문을 사용하여 질문을 하고, 아이가 대답할 수 있도록 유도해 줍니다. **"누가 가장 좋아?", "뭐 먹고 싶어?", "어디에 가고 싶어?"** 등의 질문을 하면서 아이의 어휘력과 표현력을 키워 줍니다.

일상의 경험을 모델링하기

아이와 함께한 일상의 경험을 간단한 문장으로 이야기해 주는 것도 좋은 언어 자극 방법입니다. **"오늘은 마트에 갔었지? 1층에는 고기, 과자, 과일이 있었지? 아이스크림도 먹었고~ 2층에서는 뭐 했지?"** 등의 문장을 말해 주면서 아이가 자신의 경험을 말로 표현할 수 있도록 합니다.

Q **아이가 문장에서 조사를 많이 헷갈려 합니다. "엄마가 ~" "할머니가 ~" 등은 잘하는데 유독 선생님만 "선생님이가 ~"라고 말합니다. 아이가 하는 말을 '선생님이' 혹은 '선생님께서'로 바꿔 주곤 하는데 쉽게 고쳐지지 않습니다.**

핵심만 간단히

- 조사의 쓰임을 어른들이 외국어 배우듯 문법적으로 접근하는 것은 알맞지 않습니다. 자연스럽게 그 쓰임을 익히도록 하는 편이 좋습니다. 처음에는 문법에 맞지 않더라도 차츰 그 쓰임을 익히게 됩니다.
- 예를 들어 '이/가'의 쓰임에서 자주 등장하는 사람이 삼촌입니다. 엄마나 아빠는 끝 음절이 모음이기 때문에 그 뒤에는 '가'가 오지만, 삼촌은 자음으로 끝나므로 '이'를 쓰기 때문입니다. 물론 자음이니 모음이니 이런 문법 지식을 가르치라는 의미가 아닙니다. 실제 지위일 때, 엄마나 아빠의 역할이 다르듯 삼촌의 역할도 다른데, 언어 표현에서도 이 다른 점을 활용하라는 의미입니다. "엄마가 ~", "아빠가 ~"라고 말하고, 여기에 더해 "삼촌이 ~"처럼 말하면 아이는 자연스럽게 '이/가'의 쓰임을 익히게 됩니다.
- 머리로는 알고 있는데 발화 시에 자주 틀리는 아이에게는 조금 더 직접적으로 물어보는 방법을 씁니다. "선생님이가 밥을 먹어. 이 말 맞아, 틀려?" 틀리다고 하면 "맞게 바꿔 볼까?" 이런 식으로 스스로 수정할 수 있도록 유도합니다.

발달 연령	문법 요소		예시
2세	함께라는 뜻을 내포하는 말	랑	엄마랑
		하고	물하고, 우유하고
		도	엄마도
	대상 혹은 일정한 범위를 뜻하는 말	한테	엄마한테
		(으)로	저기로, 숲속으로
		에(서)	비행기에, 집에서
	주체를 이르는 말	가/이	아빠가
3세	문장에서 어떤 대상이 화제임을 나타내는 말	는	누나는
	목적물이나 대상임을 나타내는 말	을/를	밥을, 딸기를
4세	수단이나 도구를 나타내는 말	로	망치로

우선 앞에서도 말씀드렸던 연령별 조사 발달표를 다시 살펴보겠습니다.

주체를 이르는 말인 가/이는 만 2세 정도부터 올바르게 사용할 수 있도록 유도해 줘야 합니다. 조사를 익히는 핵심은 결국 반복에 있습니다. 반복해서 들려주고 말하게 하면 좋아지는 편인데요, 대상이나 범위를 나타내는 조사를 말하게 하고 싶다면 **"민우, 어젯밤에 어디에서 잤지?"** 같은 질문을 던져 **"집에서."** 혹은 **"민우 방에서."**라는 대답을 유도합니다.

다만 '이/가'는 아이들이 조금 헷갈려하는 편입니다. 가족 구성원을 일컫는 대부분의 단어가 받침이 들어가지 않기 때문이 아닐까 하는 생각이 듭니다. 엄마, 아빠, 할머니, 할아버지, 누나, 언니, 이모, 고모 등이 다 그렇죠. 재미있는 사실을 하나 말씀드리면 조사 문제 때문에 센터를 찾는 친구들이 가끔 있는데 지금까지 한 번도 형이나 동생이 있는 친구들은 본 적이 없습니다. 형이나 동생처럼 지칭어가 자음으로 끝나는 구성원이 있으면 생활 속에서 자연스럽게 '형이' '동생이'처럼 조사 '이'를 사용했기 때문이 아닐까 추정하는데요, 과학적으로 입증할 수 없는 개인적인 경험이긴 하지만 언어는 역시 삶에서 사용하면서 익힐 때 가장 자연스럽게 받아들이게 된다는 생각을 해 봅니다.

이런 조사 문제를 치료할 때 삼촌을 주로 등장시키는 편입니다. 꼭 삼촌이 없어도 아이들은 보통 남자 청년을 삼촌이라고 부르니까요. 예를 들면 인형 놀이를 할 때 반드시 삼촌 캐릭터를 넣습니다. **"아빠가 청소를 했어. 엄마가 빨래를 했어. 삼촌'이' 설거지를 했어."** 이런 식으로 접근하면서 반복하게 합니다. 아이가 조금 익숙해지면 선생님도 넣고, 삼촌도 넣어서 상황을 좀 더 복잡하게 꾸밀 수도 있습니다.

또 하나는 아이가 어린이집을 다니면서 친구들 이름을 알게 되면 사용할 수 있는 방법인데요, 이름 마지막에 받침이 있는 친구와 없는 친구들 사진을 놓고 자연스럽게 불러 주는 한편 아이의 말을 유도합니다. **"어제 정우랑 세영이랑 역할놀이를 했지. 정우가 뭐 하고, 세영이가 뭐 했어?"** 이렇게 '이'가 쓰이는 경우와 '가'가 쓰이는 경우를 들려주고, 아이도 대답할 수 있도록 합니다. **" 정우가 아빠, 세영이는 엄마."** 이런 식으로 답하는 과정을 통해 이/가의 차이를 익힐 수 있습니다. 이 방법은 아직 개념을 명확히 알지 못하는 대략 36개월 미만의 아이에게 사용할 수 있습니다.

여기에서 조금 더 업그레이드된 방법도 있습니다. 보통 어느 정도 월령대가 된 아이라면 개념 자체를 모른다기보다 알고는 있는데 말하면서 틀리는 경우가 많습니다. 수용은 되는데, 표현에서 문제가 발생하는 것이죠. 이때는 아예 직접적으로 물어보는 편이 좋습니다. **"선생님이가 밥을 먹어요. 이 말 맞아, 틀려?"** 이렇게 퀴즈처럼 접근합니다. 아이가 틀리다고 하면, **"그래, 틀린 말이지. 그럼 맞게 바꿔 볼까?"**라고 하면서 아이 스스로 한 번 더 생각하게 하고, 정답을 말할 수 있는 기회를 줍니다. 아이들이 많이 헷갈리는 '이/을'도 같은 방법을 사용할 수 있습니다. **"곰을 잠을 잤다. 맞아, 틀려?"**

다만 이 방법은 아이가 개념을 알고 있다는 전제일 때 사용합니다. 만약 아이의 실제 나이와 상관없이 **"선생님이가 밥을 먹어요.", "곰을 잠을 잤다."** 같은 말이 맞는 것인지 틀린 것인지 자체를 모른다면 앞에서 소개한 그 이전 월령대의 아이들에게 하는 방법을 써야 합니다.

그래서 이 문장 바꾸기는 교육이면서도 또 양육자로 하여금 아이의 현재 언어 수준을 제대로 파악할 수 있는 척도로 활용할 수 있습니다. 아이가 조사를 알지만 제대로 사용을 못 하는 건지, 아니면 개념 자체를 모른 채 무작정 쓰고 있었는지를 먼저 파악한 뒤에 어떻게 대처할지 결정합니다.

원쌤의 팁

◆ '세영이'처럼 이름 뒤에 쓰인 '이'는 문법적으로 조사가 아니라 어조를 고르는 접사입니다. 이때는 문법을 떠나 '이/가'가 어떤 언어 환경에서 쓰이는지 알려 주기 위한 용도입니다. 실제로 아동의 언어 교육 현장에서 자주 활용하는 예시이니 참고하기 바랍니다.

Q **집에서는 그렇게 수다쟁이인 아이가 집 밖에서는 말을 한 마디도 하지 않습니다. 엄마, 아빠 앞에서는 미주알고주알 술술 얘기를 풀어놓는데, 유치원이나 어린이집 등 외부 장소에서는 전혀 말을 하지 않아요. 어떻게 해야 할까요?**

핵심만 간단히

◆ 이런 경우는 선택적 함구증일 가능성이 큰데요, 언어 문제라기보다는 심리 문제에 가깝습니다.

◆ 대처 방안은 크게 두 가지가 있습니다.

- 양육자가 낯선 사람에게 말 거는 모습을 자주 보여 줍니다.
- 아이가 가장 편하게 생각하는 장소인 집에 다른 사람을 초대합니다. 처음엔 친한 사람부터 시작해, 아이가 편하게 말을 하게 되면 여러 사람을 초대하고, 그 이후엔 친한 친구 집을 방문하는 식으로 단계를 높여 갑니다.

◆ 언제든, 어떤 경우에든 다그치거나 강요하지 말고, 자연스럽게 말할 수 있도록 합니다.

집에서는 말도 잘하고 개구쟁이인 아이가 집 밖으로 나가면 입을 꾹 닫는 경우가 있습니다. 이를 선택적 함구증이라고 하는데요, 심리 측면에서 보면 내가 말할 대상을 선택하는 현상입니다. "혹시 내 아이도?"라는 생각이 든다면 우선 선택적 함구증 체크리스트를 통해 확인해 보십시오.

체크리스트

• 집이 아닌 곳에서는 말을 하지 않는다. □

- 어린이집, 유치원 등에서 친구들과는 얘기를 나누지 않는다. □
- 어린이집, 유치원 등에서 선생님과는 얘기를 나누지 않는다. □
- 아이 자신에게 불이익이 생기는 상황에서도 말을 하지 않는다. □
- 다른 사람이 말하기에 대한 보상을 제안해도 응하지 않는다. □
- 부모와는 얘기를 잘 나누다가도 다른 사람이 곁에 오면 말을 멈춘다. □
- 부모가 밖에서도 말을 해 보라고 하면, 지금까지 말을 하지 않았기 때문에 갑자기 말을 하는 게 이상할 것이라고 주장한다. □
- 이제부터 집 밖에서 말을 하겠다고 약속해도 번번이 실패한다. □
- 부모 등 친숙한 사람과도 집이 아닌 장소에서는 말을 나누지 않는다. □
- 주변 사람들이 아이가 말을 하지 않는다는 것을 알고 있다. □

10개 문항 중 4개 이상이면 선택적 함구증이라고 볼 수 있습니다. 선택적 함구증은 언어 문제라기보다는 심리 문제에 더 가깝습니다. 집과 다르게 밖에서 말을 하지 않는 가장 큰 원인은 불안입니다. 새로운 사람이나 환경에 대한 불안 때문에 말을 하지 않으려고 하는 것이죠. 이런 친구들은 다그치면 불안한 마음이 더 심해질 수 있습니다. 절대 강요하지 말아야 합니다.

보통 선택적 함구증은 양육자가 늦게 인식하는 경우가 많습니다. 양육자가 볼 때는 아이가 말을 잘하고, 까불거리기도 하니까 전혀 문제가 없어 보이거든요. 대개는 어린이집 선생님이 언질을 주기도 하는데요, 그래도 사람은 보는 것만 믿는 편이라 '우리 애가 수줍음이 많나?' 하고 대수롭지 않게 여기기 일쑤입니다. 게다가 아이가 말을 하지 않으면 어린이집의 다른 친구들이 챙겨 주기도 합니다. 주의 깊게 관찰하지 못하고 멀리서 보면 다른 아이들과도 잘 어울리는 것처럼 느껴지기도 합니다. 문제를 인식하지 못한 채로 선택적 함구증 상태가 길어지면 아이의 사회성은 점점 떨어지고, 아이는 말을 안 하는 걸 더 편안하게 여기면서 습관이 들어 버릴 수도 있습니다. 나중에 문제의 심각성을 깨닫지만, 그 지경까지 가 버리면 치료도 힘들고 기간도 오래 걸립니다. 그러니 최선은 선택적 함구증이 의심될 때 즉시 해결해야 합니다.

크게 두 가지 대처법이 있는데요, 첫 번째는 양육자가 억지로라도 새로운 사람에게 말 거는 모습을 자주 보여 주는 겁니다. 아파트에 산다면, 경비원께 가벼운 인사라도 건네 보세요. **"선생님, 안녕하세요. 오늘 날씨 좋죠?"** 그러면 상대방도 **"네, 오늘 날씨 정말 좋네요."** 정도로 가볍게 응대하겠지요. 이런 장면을 통해 아이에게 다른 사람과 얘기해도 아무런 문제가 일어나지 않는다는 사실을 인지시키는 것이 중요합니다.

두 번째는 선택적 노출법인데요, 보통 첫 단계는 집으로 다른 사람을 초대합니다. 선택적 함구증인 아이가 거의 유일하게 편하게 느끼는 장소는 집입니다. 다만 정도가 심한 친구들은 집이라도 다른 사람이 오면 말을 하지 않거나 엄마, 아빠와만 말을 하려 할 수 있으므로 처음엔 아이가 좋아하는 사람이나, 친한 사람을 초대하되, 말을 강요하지는 않습니다. 보통은 이렇게 하면 아이도 크게 경계하지 않고 평소와 다름없이 말을 할 가능성이 큽니다. 아무래도 본인에게 위협적이지 않은 장소에 좋아하는 사람, 친근한 사람이 온 만큼 경계나 불안이 사그라드는 것이죠. 익숙해지면 이후부터 환경을 조금씩 바꿔 줍니다. 그다음에는 두 명의 친구를 부르고, 익숙해지면 그 친구가 있는 집으로 가 보는 식으로 단계를 높여 갑니다. 선택적 함구증에는 이런 심리적인 접근이 필요합니다.

Q 발음이 분명하지 않을 때가 많아요. 돌고래를 쪼꼴레, 상어를 앙어라고 발음해 전혀 못 알아듣는 경우가 종종 있습니다. 교정을 해야 하는지, 효과적인 방법은 무엇인지 알려 주세요.

핵심만 간단히

- 많은 양육자가 발음을 크게 중요하지 않게 여기는 경우가 많은데요, 발음이 나쁘면 다양한 이차적인 문제가 발생할 수 있습니다. 읽기 문제, 친구들과의 교우(소통) 문제, 자존감 문제, 부모와의 관계 문제 등 입니다.
- 보통 아이 스스로 자신의 발음이 틀렸다는 걸 아직 인식하지 못하는 단계라면 무심히 넘기지 말고 올바른 모델링을 보여 주고 이를 따라 하게 하는 방법으로 접근합니다.
- 스스로 인지는 하지만 제대로 발음을 하지 못하는 단계라면, '돌, 고, 래' 한 글자씩 끊어서 발음하게 한 뒤에, 다시 붙여서 발음하도록 합니다.
- 만약 이렇게 했는데도 나아지지 않는다면 언어 치료를 받아야 합니다.

우선 연령별 발음표를 참고하세요.

구분	완전 습득 (95~100%)	숙달 단계 (75~94%)	관습적 단계 (50~74%)	출현 단계 (25~49%)
2-2.11세	ㅍ, ㅁ, ㅇ	ㅂ, ㅃ, ㄴ, ㄷ, ㄸ, ㅌ, ㄱ, ㄲ, ㅋ, ㅎ	ㅈ, ㅉ, ㅊ, ㄹ	ㅅ, ㅆ
3-3.11세	ㅂ, ㅃ, ㄸ, ㅌ	ㅈ, ㅉ, ㅊ, ㅆ	ㅅ	
4-4.11세	ㄴ, ㄲ, ㄷ	ㅅ		
5-5.11세	ㄱ, ㅋ, ㅈ, ㅊ	ㄹ		
6-6.11세	ㅅ			

언어 치료사들이 사용하는 자료라 말이 좀 어렵게 느껴질 수 있는데요, 간단하게 만 2세~2세 11개월까지 /ㅍ/ㅁ/ㅇ/은 거의 완전하게 발음할 수 있어야 하고, /ㅅ/이나 /ㅆ/은 발음에서 가끔 나오는 정도라고 이해하면 되겠습니다. 사실 /ㅁ/이나 /ㅇ/이 들어가는 단어 중 이 시기 아동이 쓸 수 있는 어휘는 엄마 정도입니다. 그러니까 이때는 엄마라는 말을 할 수 있냐 없냐가 관건이지 발음의 정확성이 그렇게 문제가 되는 시기는 아닙니다. 아무래도 엄마를 제대로 발음하지 못할 가능성은 희박하니까요. 그러다 만 3세가 넘어가고 4세가 되어 가는데도 발음이 지나치게 부정확하다면 주의가 조금 필요한데요, 안타까운 점은 발음을 별로 중요하지 않게 여기는 양육자들이 많다는 사실입니다. '말은 잘하니까 큰 문제 없겠지. 아직 어려서 그럴 거야. 시간 지나면 나아지겠지.' 하고 가볍게 생각하곤 하죠.

발음을 중요하게 다루어야 하는 가장 큰 이유는 발음으로 인해 다양한 이차적인 문제가 발생할 수 있기 때문입니다. 발음이 생각보다 많은 문제를 일으킬 수 있는데요, 우선 의사소통이 쉽지 않기 때문에 친구들과 어울리는 데 문제가 생길 수 있습니다. 실제로 저희 센터를 찾은 한 부모님은 아이와 이런 대화를 나눈 뒤에 충격을 받고 문제의 심각성을 깨달았다고 합니다.

엄마: 오늘 친구들이랑 뭐했어?

아이: 친구들이랑 역할놀이했어. 나는 애기 했어.

(다음 날)

양육자: 오늘도 역할놀이했어? 민우는 무슨 역할 했어?

아이: 애기 역할 했어.

양육자: 왜 민우는 애기 역할만 해?

아이: 나 애기처럼 말한다고 애기 역할만 하래.

그나마 친구들이 이렇게라도 놀이에 끼워 주면 다행일 수도 있습니다. 심한 경우에는 친구들이 아이 말을 알아듣지 못하니까 **"뭐라고? 너(의) 말은 모르겠어. 똑바로 말해 줘."** 라며 되묻기도 합니다. 아이들은 거침없지요. 이게 반복되면 아이는 상처받고 자존감에 문제가 생길 수도 있습니다. 나중에는 진짜 못 알아들어서 **"뭐라고?"** 하면 **"아니야."** 하고 그냥 넘어가는 단계로 진행됩니다. 또 희소한 사례이긴 한데 발음이 안 좋아서 아기 역할만 하고 친구들이 보호하고 챙겨 주다 보면 정말 아기처럼 미성숙하게 행동하는 경우도 있습니다.

세 번째 문제는 좋지 않은 발음이 오래 고착되면 음운 인식 발달이 늦어지면서 읽기에도 지장을 초래합니다. 읽기는 알고 있는 말을 글로 인식하고 그걸 다시 말로 바꾸는 과정이라도 해도 무방한데, 아이가 선생님을 계속 '떤땡님'으로 발음한다면 어떤 일이 생길까요? 선이라는 글자 자체를 '떤'으로 인식해 버립니다. 결국 글자로 학습을 해야 하는 학교생활에 문제가 생길 수 있겠죠.

마지막으로 부모와 자녀의 관계가 안 좋아지는 부분도 생깁니다. 아이는 아이 나름대로 열심히 표현하는데 사람들이 알아듣지 못합니다. 친구들이야 그럴 수 있다고 생각하더라도 엄마, 아빠마저 이해하지 못하면 그때는 아이도 충격을 받습니다. 이걸 대화로 풀지 못하니 짜증을 내거나 울음을 터뜨리고, 나중에는 양육자도 짜증을 내거나 화를 내는 식으로 대응하는 악순환이 벌어질 수도 있습니다. 발음 관련 문제는 양육자가 늦게 인식하는 경우도 많고, 발견을 하더라도 교육 과정에서 갈등을 빚게 되기도 합니다. 즉, 발음과 이차적인 문제를 함께 방어해야 하는 경우도 많습니다.

이런 발음 문제는 아이가 인식하지 못하는 단계와 인식은 하지만 발화는 안 되는 단계로 나눌 수 있는데요. 양육자는 아이가 인식하지 못할 때부터 조금씩 교정해 줄 필요가 있습니다. 이를테면 그림 놀이를 하면서 **"파당색 주세요."**라고 했다고 가정하겠습니다. 아이의 월령에 따라 다르겠지만 37~48개월이면 아직 /ㄹ/ 발음을 완전하게 하지 못할 수 있습니다. (179쪽 연령별 발음표 참조)

그래도 양육자는 **"파란색 달라고? 알았어. 엄마가 파란색 줄게. 민우, 어떤 색 달라고 했지?"** 이런 식으로 자연스럽게 들려주고, 자연스럽게 말할 수 있게 해 주는 과정이 필요합니다.

이렇게 사소한 발음이라도 그냥 넘기지 말고 양육자가 상호작용 하면서 - 좋은 모델링을 보여 주고 - 연습할 수 있게 해 주면 발음은 빠르게 교정될 수 있습니다. 사실 초기의 발음 문제 또한 지금까지 중요하다고 강조했던 언어 발달의 핵심 포인트와 크게 다르지 않습니다. 상호작용과 연습을 반복하면서 스스로 습득할 수 있도록 유도합니다. 역시 이때도 지적은 금물입니다.

진짜 문제는 발음이 안 좋은 상태로 시간이 많이 지나서 그대로 굳어진 경우입니다. 이 단계까지 진행되면 아이는 발음이 틀렸다는 걸 스스로도 알지만 정확하게 말할 수 없는 상태입니다. 머리로는 알지만 입에서 나오지 않는 것이죠. 이때는 한 글자씩 **"배, 추, 주, 세, 요."**, **"돌, 고, 래."**를 끊어서 발음하게 하고 다시 이어서 발음하게 합니다. 유의할 점은 한 글자씩 끊어서 연습하더라도, 반드시 그다음에 전체를 묶어서 발음하도록 해야 합니다.
이렇게 시켜 보면 각각 끊어서 발음하는 건 잘하는데 이으면 다시 **"배뚜 주세요."**나

"쪼꼴레."가 되어 버릴 가능성이 높습니다. 이 방법은 조금 해 보고 만약 어느 정도 가능성이 있다면 계속 연습해도 되지만 전혀 나아지지 않는다면 가정에서 어떻게 해 보기엔 한계가 있습니다. 더 늦기 전에 언어 치료를 받아야 합니다.

그리고 간혹 병리적인 문제가 있을 수 있는데요, 가장 흔한 건 설소대 단축증이 있는 경우입니다. 설소대는 혀의 아랫바닥과 입의 점막을 잇는 띠 모양의 힘살인데 이게 두껍거나 앞쪽까지 심하게 연장되면 혀의 움직임에 문제가 생겨 제대로 발음을 할 수 없게 됩니다. 보통 아이가 태어나면 산부인과에서 파악이 가능한데요, 다만 설소대 단축증이라고 해서 무조건 바로 절제를 하는 것은 아닙니다. 성장하면서 설소대의 길이가 점점 줄어들거나 파열되기도 하고 또 혀가 길어지는 경우도 많기 때문에 의사의 판단에 따라 절제하지 않고 영유아기가 지날 때까지 기다려 보기도 합니다. 하지만 36개월이 지났는데도 같은 상태라면 수술을 받아야 합니다. 설소대 자체를 관찰할 수도 있지만 대개는 혀가 역하트 모양처럼 보이므로 이를 통해 확인할 수 있습니다. 수술을 받으면 대부분 좋아지는데 만약 오랜 기간 설소대 단축증인 상태로 발화하는 습관이 들었다면 언어 치료를 병행해야 합니다.

1 무엇인지 맞혀 보세요

목표 어떤 물건의 기능, 모양, 생김새를 듣고 맞히거나, 문제를 내 보게 함으로써 풍부한 표현력을 기릅니다.

준비물 안이 보이지 않는 검은색 봉지나 종이봉투, 바나나 칫솔 등 다양한 물건

놀이 방법

① 검은 봉지에 물건을 넣는다. 꼭 검은 봉지가 아니라도 안이 보이지 않으면 무엇이든 괜찮다.

② 아이에게 힌트를 주고 그 물건이 무엇인지 맞히게 한다. 맞히지 못하면 다음 힌트를 준다.

- 기능, 모양, 생김새, 사용하고 난 후의 느낌 등 힌트는 다양하게 줄 수 있다.
- 아이의 수준에 따라 다르겠지만 처음부터 너무 쉬운 힌트는 주지 않는다.

예) 첫 번째 힌트: 길쭉하게 생겼어. / 두 번째 힌트: 노란색이야. / 세 번째 힌트: 먹는 거야. /

네 번째 힌트: 껍질이 있어. / 다섯 번째 힌트: 원숭이가 좋아해.

③ 그래도 모르면 손을 넣어서 만져 보게 한다.

④ 정답을 맞히면 어떤 힌트에서 알 수 있었는지 등에 관해 함께 이야기해 본다.

원쌤의 팁

◆ 이 놀이를 몇 번 한 다음에는 아이가 표현하게 하고, 양육자가 맞힙니다. 보통 아이들이 문제를 내면 거의 한두 번 만에 바로 맞힐 수 있습니다. 이때 핵심은 일부러 틀리는 것입니다. 일부러 다른 답을 말해서 아이가 그 물건에 대해 다양하게 설명할 수 있는 기회를 줍니다.

2 반대말 놀이

목표 반대말을 익힙니다.

준비물 반대말 카드가 있으면 좋지만 없어도 가능

놀이 방법 1

① 반대말 카드를 늘어놓는다. 아직 아이가 잘 모르면 카드를 놓으면서 알려 줄 수도 있다.

② 양육자가 '길다' 카드를 집거나, 동작이나 말로 '길다'를 표현하면 아이는 '짧다' 카드를 집는다.

- 아이가 아직 반대말의 개념을 잘 모르면 알려 주면서 해도 괜찮다.
- 이 정도 연령의 아이는 꼭 구체적인 개념을 설명하지 않고, 반대 개념의 말을 들려만 줘도 배우게 된다.

예) 아빠는 크지~ 아기는? 토끼는 빠르지~ 거북이는? 불은 뜨겁지~ 얼음은? 낮에는 해가 뜨지? 밤에는?

놀이 방법 2

① 둘 다 서 있는 상태에서 양육자가 **"서다."** 라고 외친다.

② 아이는 앉으면서 **"앉다."**라고 하면 정답

그 외에 몸을 크게 하면서 **“크다.”**, 몸을 웅크리면서 **“작다.”**

팔을 높이 들면서 **“높다.”**, 몸을 숙이면서 **“낮다.”**

자는 척하다가 일어나면서 **“깬다.”**, 잠에 드는 척하면서 **“잔다.”** 등을 할 수 있다. 보통 엄마와 아빠가 먼저 모델링을 보여 주면 아이도 잘 따라 하는 편이다.

원쌤의 팁

◆ 아이가 아직 반대말을 잘 모르면 카드로 하고 수준이 올라가면 말로만 합니다. 아무래도 카드를 사용하면 몇 가지 보기 중에서 고를 수 있기 때문에 쉬운 편입니다. 또 아이들은 카드나 말로만 하는 것보다 직접 움직이면서 하는 걸 훨씬 재미있어하는 편이니 적절히 섞어서 놀아 줍니다.

3 청기 백기

목표 방향(위, 아래), 복문 등을 이해하고 표현합니다.

준비물 청기와 백기가 있으면 좋지만 없어도 가능

놀이 방법

① 양육자가 지시를 내리고, 아이는 그게 맞게 수행한다.

예를 들면 **"청기 내리고 백기 들어."** 만약 틀리면 팔을 잡고 바꿔 준다.

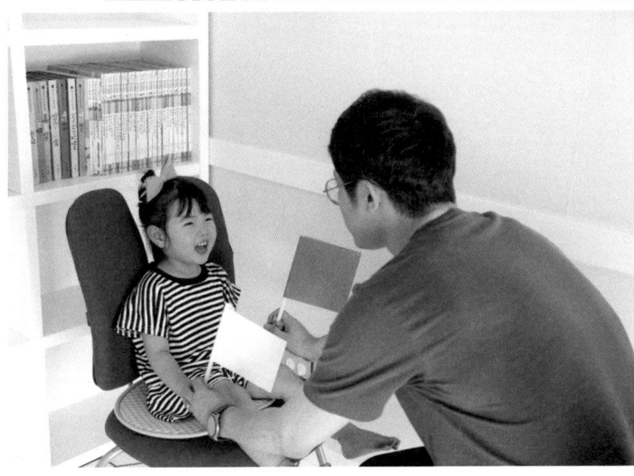

② 단문으로 바꾼 다음 다시 복문으로 말해 준다.

"청기 내려. 그리고 백기 올려야. 그렇지. 청기 내리고 백기 올려."

- 꼭 청기나 백기가 아니라도 과일이나 장난감 등 아이가 좋아하는 물건을 각각 손에 쥐고 해도 된다.

4 엉뚱한 놀이

목표 상황에 맞는 행동을 파악하고, 어휘력을 늘립니다.

놀이 방법

① 신발을 들고 전화를 받는 흉내를 낸다.

- 이런 식으로 이상한 행동을 한다.

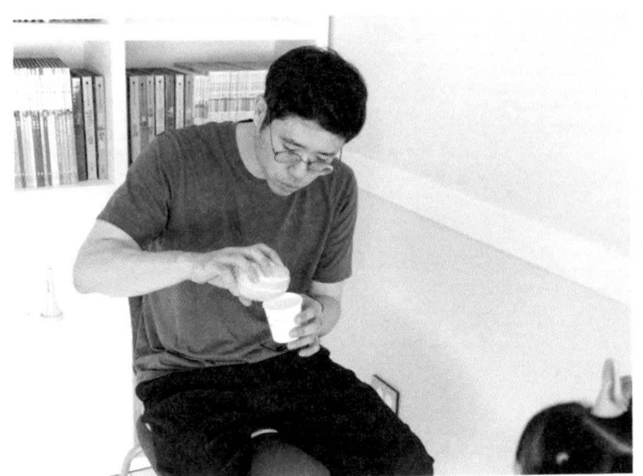

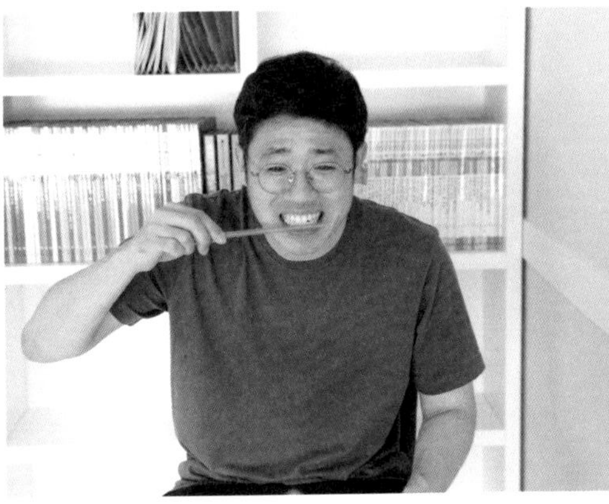

② 아이에게 **"뭐가 이상해? 어떻게 바꿔 줘야 해?"**라고 묻는다.

그 외에 참외를 물처럼 컵에 따르는 행동, 빨대로 이를 닦는 행동 등을 하면서 아이와 어떤 점이 이상한지 얘기해 본다.

- 이 놀이를 위해 만들어진 그림 카드(이상한 그림 찾기 등)도 있다. 이것을 가지고 뭐가 이상한지, 어떻게 바꿔 줘야 하는지 물어보는 방식으로 놀이를 진행할 수도 있다. 혹은 인형 놀이를 하면서 바지 위에 팬티를 입히는 식으로도 가능.

5 어떤 얼굴이 될까?

목표 내 감정은 물론 상대방의 감정을 파악하고 그것을 언어로 표현합니다. 정서 발달과 언어 발달에 모두 도움이 됩니다.

놀이 방법

① 감정이 드러날 수 있을 만한 질문을 던지고 아이에게 표정을 짓게 한다. 예를 들면, **"백화점에 갔다가 엄마를 잃어버렸어. 어떤 얼굴이 될까?"**

② 상반되는 감정이 드러나는 질문도 던져 본다. **"아빠가 칭찬해 줬어. 어떤 얼굴이 될까?"**

③ 상대방의 감정을 파악할 수 있도록 질문을 던지고, 언어로 표현하게 한다. **"달리기에서 2등을 했어. 그런데 이런 얼굴이야. 왜 그럴까?"**

- 아이가 대답하면 같은 질문에 기쁜 표정을 지어 보이면서 이번에는 왜 표정이 바뀌었는지 묻는다.
- 아이의 다양한 표정을 찍은 후 사진을 보면서 어떤 감정인지 이야기하는 것도 좋다.

<PART. 6>

49 ~ 60개월

1 • 체크해 보세요

수용

- ☐ 오른손과 왼손, 낮과 밤, 작년과 내년, 전과 후, 새것과 헌것, 봄 · 여름 · 가을 · 겨울, 아침 · 점심 · 저녁, 처음 · 중간 · 마지막, 같다와 다르다 등의 개념을 이해한다.
- ☐ 발꿈치, 팔꿈치, 발목, 귓불 등의 신체 부위를 안다.
- ☐ 사물을 셀 때 뒤에 붙는 단위 명사의 차이를 이해한다.
  예) 동물-마리, 사람-명, 교통기관-대, 사물-개, 연필-자루
- ☐ 비교 형용사와 비교급의 의미를 알고 사물을 선택한다.
  예) 같다-다르다, 크다-더 크다-가장(제일) 크다
- ☐ 첫 번째, 두 번째, 세 번째 의미를 이해한다.

표현

- ☐ 종성에서 모든 자음을 정확하게 사용한다.
- ☐ 초성에서 /ㄹ/ㅈ/ㅉ/ㅊ/ㅅ/ㅆ/ 등의 음소를 사용한다.
  예) 라디오, 자동차, 짜장면, 치약, 사탕, 씨앗
- ☐ 4개의 숫자를 순서대로 정확하게 모방한다.
- ☐ 간단한 동요를 듣고 모방한다.
- ☐ 경험, 꿈, 동화 등을 이야기한다. 이때 네 가지 사건을 순서대로 전개한다.
  예) 목욕을 설명하며, **"화장실에 들어가서 옷을 벗어." - "몸을 구석구석 씻어." - "수건으로 몸을 닦아." - "팬티랑 옷을 입어."**
- ☐ 농담이나 우스갯소리를 한다.
- ☐ 책의 내용이나 누군가의 경험을 들으면 그대로 다른 사람에게 전달하거나 혼자 또는 친구들과 연극처럼 해 본다.

☐ 종종 추상적인 단어의 의미를 물어보고 적절하든 적절치 않든 그 단어를 사용한다.

☐ 사물이 무엇으로 만들어졌는지 말한다.

예) "컵은?" "유리.", "빵은?" "밀가루." 등

☐ 문장을 사용해 일상 사물의 기능을 정의한다.

예) "칼은 뭐 할 때 쓰는 거지?" "물건을 자를 때 써요."

☐ 어떤 사물을 정의할 때 그것이 속하는 집합/범주를 말한다.

예) 개-동물, 사과-과일

☐ 누가, 언제, 어디, 어떻게, 왜 등 다양한 의문사를 사용한다.

☐ 시간 표현을 위해 어제, 오늘, 내일, 어젯밤, 그저께, 모레, 아침, 점심, 저녁, 지난주, 다음주, 작년 등을 사용한다.

☐ 한 주를 구성하는 각 요일을 순서대로 말한다.

☐ 사물에 대한 반대 개념을 표현한다.

예) 토끼는 빠르고, 거북이는 느리다.

☐ 능동문과 피동문을 모두 표현한다.

예) "세영이가 인형을 업었어." "인형이 세영이한테 업혔어."

☐ 사물을 셀 때 뒤에 붙는 단위 명사를 정확하게 사용한다.

예) 강아지 두 마리, 연필 한 자루, 친구 세 명, 택시 다섯 대. 빵 두 개

☐ 그리고, 그래서, 그러니까, 그러나, 그런데, 왜냐하면 등 접속사를 사용하여 간단한 절을 연결한다.

2 • 이 시기 언어 발달 자극 방법

아이가 지금까지 정상적으로 발달해 왔다면 이제부터는 유치원도 가고 또래 활동도 하고 책도 읽으면서 부족한 어휘나 부족한 발음을 채울 시기입니다. 단 아이가 만 4세가 지나도 발음이 불분명하거나 다른 소리로 바꾸어 말한다면 발음에 문제가 있는 것일 수 있으니 전문가와 상담이 필요합니다. 이 시기 아이의 언어를 성장시키는 가장 좋은 방법은 아이의 말을 잘 들어주고, 많이 보여 주고, 경험하게 하는 것입니다.

이 시기가 되면 아이에게 한글이나 알파벳을 가르치려고 영상을 보여 주거나, 본격적으로 학습지를 시작하는 경우도 있습니다. 이때 영상 매체나 학습지는 활용하는 정도로만 사용해야 합니다. 간혹 주객이 전도되어 학습지에 너무 의존한다거나, 아이의 흥미와 상관없이 아이를 가르치는 경우가 있습니다. 영상이든 학습지든 지나치면 아이의 창의력 및 올바른 의사소통 능력을 쌓는 데 방해가 될 수 있습니다. 이 시기 역시 아이의 가장 좋은 선생님은 양육자입니다. 아이의 언어가 어느 정도 발달되었다고 해서 매체나 학습지로 대체하려 해서는 안 됩니다.

Q 우리 아이는 자기가 하고 싶은 말만 합니다. 게다가 주제와 전혀 상관없는 말을 주저리주저리 나열합니다. 무슨 문제가 있는 걸까요? 이때는 어떻게 대처하는 것이 좋을까요?

핵심만 간단히

- 언어의 화용 능력이 낮은 경우입니다. 보통 이런 문제는 가정에서 양육자와 아이가 주고 받는 대화를 한 것이 아니라 너무 일방적인 대화를 했을 때 나타날 수 있습니다. 우선 아이와 눈을 맞추고 천천히 대화하는 시간을 많이 가져야 합니다. 잘 물어봐 주고, 잘 들어 주세요.
- 화용 언어 문제는 크게 주고받기가 안 되는 경우와 혼자만 말하려고 하는 경우로 나눌 수 있는데요, 각각 대처법이 다릅니다.

주고받기가 안 될 때는 대화 이어 가기:

아이에게 밥 먹었냐고 물었을 때, **"네, 먹었어요."**라고 말하고 끝낸다면 직접적으로 물어봐 주세요. **"아빠한테도 밥 먹었는지 물어봐 줘야지."** 이런 식으로, 아이가 단답으로 대화를 끝내더라도 계속 대화를 이어 갑니다.

주제와 상관없이 혼자 주저리주저리 말할 때는 풍선 대화법:

① 풍선에 나누려는 대화의 주제를 적어 둡니다.

② 먼저 아이에게 대화의 규칙을 지켜야 한다는 점을 일러둡니다.

③ 규칙은 다음처럼 정합니다. 풍선을 가지고 있는 사람만 말할 수 있으며, 그 주제에 맞는 말만 할 수 있고, 말이 끝나면 풍선을 넘겨줘야 합니다. 이때 아이가 풍선이 없는데도 말하려고 하거나, 주제에 맞지 않는 말을 하거나, 대화가 끝났는데도 풍선을 넘겨주지 않는다면 제지합니다.

상황에 맞게 이해하고, 표현하는 화용 능력이 낮을 때 발생하는 문제입니다. 크게 두 가지 원인이 있는데요, 우선 심리적인 요인이 있습니다. 이런 아이들을 보면 대개 부모가 맞벌이거나 너무 바빠서 아이와 서로 주고받는 대화가 아니라 일방적인 대화가 이루어지는 경우가 많습니다. 부모와 아이가 나누는 대화가 **"이거 해야지.", "어디 가자.", "밥 먹자."** 정도가 전부라는 것이죠. 아이도 분명 하고 싶은 말이 있는데 부모가 받아 주지 않으니 친구나 선생님 등 주위 다른 사람에게 해소하려 할 수도 있습니다.

혹은 부모가 약속을 잘 안 지키는 가정에서도 많이 일어납니다. 예를 들면 아이가 와서 엄마에게 무언가를 말하려고 하는데, 엄마는 이렇게 말합니다. **"엄마 지금 설거지 중이니까 나중에 이야기 하자."** 이때 엄마는 설거지를 마친 후 반드시 아이에게 **"아까 엄마한테 무슨 말을 하려고 했어?"**라고 물어봐 줘야 합니다. 이 과정도 하나의 교육인 셈인데요, 반복되면 아이는 기다리면 원하는 말을 할 수 있다는 사실을 깨닫습니다. 상황에 따라 말을 참을 줄 알게 되지요. 그런데 엄마가 끝내 반응을 보이지 않으면 아이는 기다림에 배신당한 꼴입니다. 이 경험이 쌓이면 아이는 **'내 순서가 안 오겠지.'** 하는 불안감 때문에 지금, 당장 말하려 하게 됩니다

그래서 아이가 화용 능력이 낮다면 스스로 돌아볼 필요가 있고요, 지금부터라도 아이의 눈을 보면서 교감하는 시간을 많이 가질 것을 권하고 싶습니다. 아이에게 천천히 이야기를 해 주고, 아이의 말에 공감하면서 들어주세요. 실제 저의 SNS에 어떤 분께서 남겨 주신 댓글이 있었는데요, 아이에게 오늘 재미있었던 일을 물어봐도 **"몰라요."**라고만 한다는 겁니다. 이 시기의 아이들에게는 대화 자체가 하나의 연습이고, 교육입니다. 잘 물어봐 주고, 잘 들어주는 태도가 필요합니다.

또 하나의 원인은 언어 발달 자체가 느려서 생기는 문제일수도 있습니다. 대개 언어 발달 과정을 보면 화용 능력이 가장 늦게 발달되는 편입니다. 화용 능력은 얼마나 많은 단어를 알고 있는지 혹은 알고 있는 단어를 얼마나 문장으로 잘 만들 수 있는지 하는 것과는 다른 차원이기도 합니다.

그래서 만 4세 이전의 아이들이 노는 걸 가만히 지켜보면 일종의 집단적 독백 현상이 발생하기도 합니다. 분명 서로 말을 주고받는데 모두가 다른 얘기를 하고 있습니다. 한 아이는 고양이, 한 아이는 비행기, 한 아이는 엄마가 대화의 주제입니다. 다시 말해 고양이도 알고, 비행기도 알지만 대화는 성립되지 않습니다. 그러다 만 4세가 넘어가면 조금씩 상황에 맞는 대화를 하는 편입니다.

결국 아이의 화용 능력이 낮다면 이게 언어의 문제인지 심리의 문제인지 우선 파악할 필요가 있고, 화용 능력 중에서도 주고받기가 안 되는 것인지 주제에 상관없이 혼자만 말하려고 하는 것인지 확인해야 합니다.

예컨대 아빠나 엄마가 아침에 출근해서 저녁에 집에 돌아오면 아이에게 **"민우, 오늘 점심에 뭐 먹었어?"**라고 물어본 다음 아이가 어떻게 대답하는지 살펴보세요. 만약 주고받기가 안 되는 아이라면 **"밥 먹었어요."** 정도로 대답하고 말아 버립니다. 이럴 때는 '대화 이어 가기 방법'을 사용하면 좋습니다. 아이에게 직접적으로 말을 해 줘서 대화가 끊기지 않도록 하는 것입니다.

아빠: 민우도 아빠한테 점심에 뭐 먹었는지 물어봐 줘야지.

민우: 아빠는 점심에 뭐 먹었어요?

아빠: 응, 아빠는 떡볶이 먹었어.

민우: 아, 네.

여기서 끝내지 말고 다시 말을 이어 갑니다.

아빠: 민우야, 아빠한테 "떡볶이 안 매웠어요?" 하고 물어봐 줘야지.

민우: 떡볶이 안 매웠어요?

아빠: 매웠어. 엄청 매웠지, 민우는 떡볶이 먹다가 매우면 어떻게 해?

민우: 우유 마셔요.

아빠: 아빠는 어떻게 했을 것 같아? 아빠한테 물어봐 줘.

민우: 아빠는 어떻게 했어요?

이런 식으로 대화를 계속 끌어가는 겁니다. 주고받기가 힘든 아이라면 이 방법을 사용할 수 있습니다.

주제나 상황에 맞지 않게 혼자 주저리주저리 떠드는 아이에게는 다른 방법을 사용해야 합니다. 일종의 놀이 대화법인데요, 가급적 양육자를 비롯해 좀 더 많은 사람이 함께하면 좋습니다. 보통은 마이크를 사용하는데 없다면 풍선으로 대체해도 괜찮습니다. 풍선에 대화 주제를 적습니다. '음식'이라고 적었다면, 이제 이 놀이에 참여하는 사람들은 음식과 관련된 주제에 대해서만 말할 수 있습니다. 두 개의 규칙이 더 있는데요, 풍선을 들고 있는 사람만 말할 수 있고, 말이 끝나면 풍선을 옆 사람에게 넘겨야 합니다.

아빠: 나는 오늘 떡볶이를 먹었어. 매웠어.

(풍선을 엄마에게 넘겨준다.)

엄마: 당신은 떡볶이를 좋아하더라. 나는 매워서 싫어. 엄마는 파스타가 좋아

(풍선을 삼촌에게 넘겨준다.)

이때 아이가 못 참고 끼어든다면, 다른 사람이 제지합니다.

"어? 풍선 가지고 있는 사람만 말해야 하는데?"

또 놀이 중에 아이가 풍선을 넘겨주지 않고 계속 말하려고 하면 또 알려 줍니다.

"민우야. 혼자 계속 말하지 말고 한 번 말하면 아빠한테 풍선을 넘겨줘야지."

다른 주제로 이야기를 하려고 해도 풍선에 적힌 주제인 음식으로만 얘기해야 한다고 인지시켜 줍니다. 이 방법을 통해 대화할 때는 번갈아 가며 말해야 한다는 사실과 주제에 맞는 대화를 해야 한다는 사실을 깨닫게 할 수 있습니다.

Q 아이가 너무 높고 강한 소리로 말합니다. 어떻게 하면 좋을까요?

핵심만 간단히

- 4세 이전의 아이는 언어가 늦을 때 이런 현상이 종종 발생합니다. 말 대신 울음이나 소리로 표현하기 때문인데요, 이때는 소리를 언어로 바꿔 주거나, 소리에 반응하지 않는 방법이 좋습니다.
- 4세 이후에 너무 높고 강한 소리로 말해서 2주 이상 목이 쉬어 있다면 약물 복용과 음성 휴식이 필수입니다. 더불어 가정에서는 다음과 같은 방법을 사용합니다.

  하품 한숨법: 하품하듯 숨을 내뱉어 몸이 가장 이완되어 있을 때 말하도록 합니다.

  숫자에 따라 목소리 크기 조절하기: 숫자를 말할 때 숫자가 낮을수록 작은 목소리, 높을수록 큰 목소리로 말하게 하는 것입니다. 아이와 놀이하듯 **"1로 말해 보자."**, **"2로 말해 보자."**라고 하면서 평소에 낮게 말하는 습관을 들입니다.

보통 4세 이전의 아이들이 높고 강한 목소리를 내는 건 언어가 늦어서일 가능성이 큽니다. 언어 대신에 울음이나 소리 지르는 방식으로 의사를 표현하는 것이죠. 혹은 만 1세 전후라면 아이가 소리를 지를 때만 부모가 반응해 주어서 생긴 잘못된 언어 습관일 수 있습니다. 이런 상황이라면 아이가 소리를 지를 때 언어로 바꿔 주는 방법, 소리를 지르면 무시하는 방법을 사용하면 금방 좋아질 수 있습니다.

4세 이후에 아이가 강한 소리를 자주 낸다면 목소리가 거칠고 쉬어 있는 경우가 많습니다. 물론 아이이기 때문에 여러 이유로 소리를 지를 수도 있고, 이 때문에 목이 쉴 수도 있습니다. 이 자체가 큰 문제는 아닙니다. 다만 어쩌다 한 번이 아니라 음성 조절 자체를 못 하거나, 높고 강한 소리를 일상적으로 내면 아이에게 성대 결절이 올 수 있습니다. 보통의 경우는 시간이 지나면 좋아지지만, 만약 목이 쉬어 있는 상태가 2주 이상 지속된다면 문제가 있다고 볼 수 있습니다.

아이의 목소리가 늘 쉬어 있으면 교우 관계에 문제가 생길 수 있고, 심리적으로 위축될 수도 있기 때문입니다. 보통 목이 쉬어 있는 아이는 상대방이 잘 알아듣지 못하기 때문에 오히려 더 크게 말하려고 합니다. 음색은 좋지 않은데 목소리는 크니까 주위에서는 불편해하고, 아이의 목 상태는 점점 나빠집니다. 이때는 약물 치료가 최선이고, 더불어 음성 휴식을 취해야 하는데 이런 친구들은 음성 휴식이 쉽지 않죠. 대부분 에너지가 많고 성격적으로도 급한 편이기 때문입니다. 여기에는 양육 태도가 원인일 수도 있는데 간혹 아이가 소리를 질러야만 관심을 주는 부모가 있습니다. 아이가 조곤조곤 말하면 무시하다가 소리를 지르면 **"너 왜 소리 크게 질러!"** 하면서 반응을 해 주면서 고착된 습관이죠.

목소리가 너무 높고 강한 아이들을 위한 좋은 방법 중 하나는 하품 한숨법입니다. 하품은 목에 가장 힘을 뺄 수 있는 행위입니다, 하품하듯 숨을 내뱉으면 목의 근육이 이완되는데요, 그때 말하게 합니다. 힘을 주는 발성법 자체를 바꿔 힘을 빼면서 말하도록 습관을 들이는 데 유용합니다.

한 가지 방법이 더 있는데요, 목소리가 큰 친구는 물론 너무 작은 친구들에게도 적용할 수 있습니다. 우선 아이와 함께 숫자에 따라 목소리의 강도를 정합니다.

1 - 귓속말 정도의 크기

2 - 가까이 있을 때 들을 수 있는 크기

3 - 조금 떨어진 거리에서 들을 수 있는 크기

4 - 멀리 있는 사람도 들을 수 있는 크기

이렇게 정해 놓고 이제 **"2로 말해 볼까?"**라고 하면서 그 크기로 계속 대화합니다. 그러다 아이가 너무 크게 말하면 **"어? 이건 목소리가 너무 큰데? 너 지금 4로 말하고 있잖아. 이제 1로 말해 보자. 1은 아주 작게 귓속말로만 하는 거야. 엄마는 못 듣고 아빠만 들을 수 있게 말해 줘."** 이런 식으로 연습하면 조금씩 나아질 수 있습니다.

Q 아이가 말하는 속도가 너무 빠른 것 같습니다. 어떻게 교정하면 좋을까요?

핵심만 간단히

- 이런 아이들은 양육자도 말이 빠르거나 성격이 급한 경우가 많습니다. 우선 아이와 양육자 모두 말하는 것을 녹음하거나, 녹화하여 스스로 모니터링해 볼 것을 권합니다.
- 대화할 때 바로바로 질문하고 답하지 말고 대화 사이에 2~3초 정도 휴지(쉼) 시간을 두면 속도를 늦추는 데 도움이 됩니다.

말의 속도가 너무 빠르면 구어적인 면에서 리듬이나 숨 쉬는 타이밍이 좀 어색해 보일 수 있고, 발음이 뭉개질 수도 있습니다. 또 화용 측면에 약점이 발생하기도 하는데요, 화용 능력이 좋은 친구들은 기본적으로 비언어적인 요소를 잘 파악합니다. 화용 능력의 핵심이 표정이나 몸짓 자세를 통해 상대의 의도를 '눈치껏' 알아채는 것이기 때문입니다.

그런데 말이 빠르면 그런 비언어적 요소들을 파악하기 어렵습니다. 이런 친구들도 원인을 파헤쳐 보면 역시 부모가 말이 너무 빠르거나, 너무 바빠서 함께 많은 시간을 보내지 못하는 경우가 많습니다. 하고 싶은 말은 많은데 바쁜 부모 밑에 있으니 짧은 시간 안에 빨리 쏟아내야 하거든요. 아니면 양육자가 늘 입버릇처럼 **"빨리 해."**, **"빨리 가자."** 같은 말을 달고 살다 보니 아이도 그렇게 되어 버렸을 수도 있고요.

일단 이 문제를 해결하기 위해서는 양육자의 자기 인식이 필요합니다. 그래서 저는 우선 부모가 먼저 말을 한 뒤에 녹음하고, 아이도 말하는 걸 녹음해 보라고 권합니다. 녹음한 내용을 들어 보면 부모는 물론이지만, 아이 또한 말이 너무 빠른 건 아닌지, 발음이 부정확한 것은 아닌지 스스로 느낄 수 있습니다. 이 문제를 해결하기 위해서는 문제가 있다는 걸 인식하는 과정이 우선되어야 합니다.

그다음으로 양육자가 아이의 대화 사이에 의식적으로 휴지(쉼)를 넣습니다. 보통 말이 빠른 부모와 자식 간의 대화를 보면, 아이가 뭔가를 물어보면 거의 1초도 쉬지 않고 답이 돌아옵니다. 이렇게 하지 말라는 것이지요. 예를 들어 아이가 **"엄마 나 점심 뭐 먹어?"**라고 물어본다면 **"음…, (하면서 2~3초 정도 쉰 다음) 볶음밥 먹을래?"** 하는 겁니다.

결론적으로 말이 너무 빠르다면 영상이나 녹음을 통해 모니터링을 해 문제를 인식하게 하고, 의식적으로 말 속도를 줄이는 연습을 위해 대화 사이에 '쉼'을 넣는 방식으로 접근합니다.

Q 아이가 말을 하다가 혹은 말을 시작할 때 "어, 어, 어." 하며 버벅거리는 느낌을 줍니다.이때 기다려 주는 게 좋을까요? 아니면 아이가 할 말을 예상해서 말해 주는 게 좋을까요? 그리고 이게 혹시 말더듬 신호가 아닌지도 걱정인데요, 판별법과 대응법을 알려 주세요.

핵심만 간단히

◆ 이때 양육자는 무조건 기다려 주어야 합니다.

◆ 생각보다 많은 아이들이 말을 더듬기도 합니다. 보통 4세 이후가 넘어가면 좋아지는 편이니 너무 다그치거나 불안을 느끼지 않도록 해 줄 필요가 있습니다.

◆ 말더듬은 정상적인 말더듬과 비정상적인 말더듬이 있는데, 비정상적인 말더듬일 경우에만 개입이 필요합니다. 방법은 다음과 같습니다.

- 시간을 정해 아이가 무슨 말을 하든 들어주기
- 양육자가 의식적으로 천천히 말하고, 집 안의 분위기 자체도 한 템포 느리게 하기
- 대화와 대화 사이에 2~3초 정도 휴지(쉼)를 두기

이때 올바른 양육자의 태도는 무조건 기다려 주는 것입니다. 아이의 말을 대신 해 주거나 눈빛이나 표정으로 압박을 주면 아이는 오히려 말을 삼켜 버릴 수도 있고, 스트레스를 받을 수도 있습니다.

말더듬의 원인은 보통 두 가지인데요, 첫 번째는 유전적인 요인, 기질적인 요인입니다. 선천적으로 마음이 급하거나, 의존적이라 정서적 불안감을 내포하고 있다면 그

게 말더듬으로 표출될 수 있습니다. 하지만 이런 기질적인 요인이 말더듬에 미치는 영향은 미미합니다. 또 대부분 3세 이전 시기에 나타났다가 시간이 지나면 괜찮아지는 경우가 많습니다.

두 번째로 좀 더 해결이 어렵고 복잡한 원인은 환경적인 요인인데요, 실제로 말더듬과 관련해 언어 치료사들 사이에서는 이런 격언이 있습니다. **"말더듬은 엄마의 귀에서 시작된다."** 어릴 때는 누구나 말을 더듬을 수 있는데, 이걸 양육자가 예민하게 받아들이고 지적했을 때 문제로 번진다는 의미입니다.

그럼 아이가 말을 더듬을 때 어떻게 대처해야 할지 좀 더 구체적으로 알아보도록 하겠습니다. 우선 모든 아이는 누구나 조금씩 말을 더듬을 수 있습니다. 자연스러운 현상이라고 보는 게 맞으니 만 4세 이전이라면 좀 기다려 보기 바랍니다. 시간이 지나면 조금씩 나아지기 마련입니다. 4세 이후에도 말더듬이 계속된다면 이때는 그냥 두어도 시간이 지나면 좋아질 수 있는 정상적인 말더듬이 있고, 양육자가 개입해야 하는 비정상적 말더듬이 있습니다. 이 둘의 차이를 알아야 합니다.

첫 번째 - 낱말 전체를 반복하거나 구를 반복하는 말더듬은 정상으로 봅니다.

예) 안녕하세요. 안녕하세요. 저는 원민우입니다. (정상)

안안안녕하세요. 저는 워원민우입니다. (비정상)

두 번째 - 정량적으로 말을 더듬는 비중이 10% 이내면 정상으로 봅니다.

세 번째 - 아이가 말더듬을 피하고 싶어서 말하는 중에 시선을 돌리거나, 침을 삼키거나, 눈을 깜빡이는 등의 행동이 나타나면 비정상으로 봅니다.

가장 중요한 것은 어떤 경우라도 **"다시 말해 봐. 천천히 말해 봐."**라는 식으로 아이를 다그쳐서는 안 됩니다. 말을 더듬는 이유는 심리적인 불안 때문인데 이런 태도는 가뜩이나 불안한 아이의 마음을 더욱 불안하게 합니다.

비정상적 말더듬의 경우 가정에서 할 수 있는 첫 번째 방법은 온전하게 아이의 말을 들어주는 시간을 정하는 것입니다. **"8시부터 8시 10분까지는 민우가 엄마한테 하는 말을 다 들어주는 시간이야. 다 말해 봐."** 이런 식으로 아이의 마음을 편하게 해 주고 말을 더듬더라도 어떠한 압박도 주지 않은 채 마음껏, 자유롭게 말할 수 있도록 해 줍니다.

두 번째는 가족들이 모두 말 속도를 평소보다 느리게 천천히 합니다. 개인적으로 저는 말더듬 문제 때문에 센터에 찾아오면 말뿐만 아니라 집 안의 분위기 자체를 '천천히'에 초점을 맞춰 이끌어 가라고 요청하는 편입니다. 아이가 말을 더듬는 가정을 보면 모든 것들이 다 급한 경우가 많습니다. 식사도 빨리빨리, 청소도 빨리빨리, 외출 준비도 발을 동동거리면서 서두를 가능성이 크다는 것이죠. 그러지 말고 생활 자체를 좀 느긋하고 여유 있게 해야 아이도 긴장을 풀고 천천히 행동하게 되고, 자연스럽게 말도 천천히 하게 되면서 좋아질 수 있습니다.

마지막으로 세 번째는 말이 끝나고 휴지를 1~2초 정도 주는 방법도 도움이 될 수 있습니다.

혹시 눈치채셨는지 모르겠지만 4세 이후에 많이 나타나는 언어 문제는 공통점이 있습니다. 모두 심리와 관련되었다는 것인데요, 보통 만 4세 이전에 양육자가 무관심하거나, 언어 자극을 잘 주지 않으면 언어 자체에 문제가 발생하지만, 4세 이후에는 심리적인 요인이 언어 문제로 발전하는 경우가 있습니다. 언어 발달을 촉진하는 많은 요소는 가정에서 일어나지만 동시에 가정에서 어떻게 하느냐에 따라 문제가 발생하기도 합니다. 부모는 아이의 거울입니다. 너무 잘 알려져 조금 식상하게 느껴질 수도 있지만, 그래서 진리이기도 한 이 말을 기억해야 합니다.

Q 한글은 언제쯤 가르치는 게 좋을까요?

핵심만 간단히

- 권장하는 나이는 만 4세지만, 만 4세가 되었다고 무조건 한글 교육을 할 게 아니라 아이가 먼저 관심을 보일 때 시작하는 편이 좋습니다.
- 처음에는 자음과 모음, 자음과 모음의 배열 등을 가르치는 것보다 집 안에 있는 물건에 이름을 적어 붙여 글자에 익숙해지도록 합니다.
- 그다음 책에 있는 글자를 가리키며 같은 글자를 찾아오게 하는 식으로 일종의 놀이처럼 접근합니다. 글자를 그림처럼 인식하게 해서 점점 흥미를 갖게 하는 방법입니다.

한글 교육을 권장하는 시기는 보통 만 4세입니다. 발달 차원에서 만 4세가 넘어가면 소리를 듣고 문장의 구조를 익힐 수 있습니다. 문장이라는 게 단순한 단어의 나열이 아니라 어순이 있고, 규칙이 있음을 나름대로 인지하는 시기이기도 합니다. 그 정도의 발달이 이뤄졌다면 이제 조금씩 한글을 가르쳐도 될 때입니다.

다만 주지해야 하는 사실은 만 4세가 넘어갔다고 해서 무조건 한글을 가르치기 적당한 건 아니라는 점입니다. 앞에서 실제 나이와 언어 나이가 다를 수 있으니 반드시 언어 나이에 맞는 놀이 교육을 해야 한다고 말씀드렸죠. 한글도 마찬가지입니다. 나이보다는 아이의 능력이 중요하고, 흥미를 보이는지 살펴야 합니다. 그런 부분을 따지지 않고 4세가 되자마자 바로 학습지를 구매해 한글 교육을 시작하면 글자를 부정적으로 인식을 할 수도 있고, 한글 자체에 흥미를 잃어버릴 수도 있습니다. 즉,

아이가 아직 교육을 받을 준비나 능력이 되지 않았을 때 서둘러 교육을 하는 것은 피해야 합니다.

결론적으로 한글 교육을 시작하기 가장 좋은 시기는 아이가 먼저 관심을 보일 때입니다. 이맘때의 아이는 궁금한 게 많습니다. 세상 모든 것에 관심을 가집니다. 언젠가 그 관심과 호기심이 한글에 닿을 때가 옵니다. 이를테면 어느 날 갑자기 글자를 가리키며 그것이 무엇인지 물어본다거나, 이름을 적어 달라고 한다거나, 연필을 잡고 글자처럼 따라 쓰려고 끄적거린다거나, 책을 보면서 글을 읽는 척을 합니다. 이것이 바로 흥미를 보이는 신호이며 바로 그때가 한글을 가르치기 적당한 시기입니다. 여기서 핵심은 부모의 의지가 아니라 아이의 관심이 먼저라는 것입니다.

처음 한글 교육을 시작할 때는 우선 집 안의 모든 물건에다 글씨를 써서 붙여 놓으라고 권합니다. 책에 있는 글자를 보게 하는 게 아니라 내 생활 반경에 있는 다양한 물건들의 명칭을 글자로 보게 하는 것이죠. 그리고 아이와 놀 때 글씨를 적거나, 책에 있는 것과 똑같은 글씨를 찾게 합니다. 예를 들어 책에 칫솔이 나왔다면, 칫솔을 읽어 준 다음 **"화장실에 이거랑 똑같은 글자가 있어. 한번 찾아볼래?"** 하는 방식으로 접근합니다. 이렇게 처음에는 자음과 모음 배열 같은 한글의 규칙이 아니라 글자를 일종의 그림처럼 인식하게 해 점점 더 관심을 갖게 하는 것입니다. 이것이 올바른 한글 교육의 첫걸음입니다.

Q 영어는 언제 시작하면 좋을까요?

핵심만 간단히

- 영어를 너무 일찍 시작한 나머지 한글도 안 되고 영어도 안 되는 경우가 많습니다. 이 때문에 발음에도 영향을 받습니다.
- 영어 교육은 모국어 습득이 안정된 만 5세 이후가 적당합니다.
- 또 중요한 것은 욕심내지 말고, 아이가 관심을 가질 때 시작하는 것이 좋습니다.

개인적으로 영어는 모국어 습득이 어느 정도 된 이후인 만 5세 정도가 적당하다고 생각하는 쪽입니다. 간혹 영어를 교육하거나 관련 책을 판매하는 곳에서 만 2세부터 영어를 가르쳐야 한다고 주장하기도 하는데요, 그 근거로 내세우는 것이 '결정적 시기 가설'입니다. 미국의 한 학자가 언어 습득의 결정적 시기는 만 2세부터 6세까지라고 한 내용을 바탕으로 합니다. 결정적 시기 가설의 핵심은 만 2세 정도부터 언어를 접해야 따로 학습하지 않더라도 익힐 수 있다는 것이고, 이 말은 자연스럽게 영어를 일찍부터 시작해야 한다는 결론으로 이어집니다.

그런데 이 주장을 우리나라 아이들에게 적용하기엔 어폐가 있습니다. 왜냐하면 이 학자는 실제 그 나라에 거주하는 아이들을 대상으로 하고 있습니다. 영어를 실생활에서 끊임없이 만날 수 있는 친구들이 이 가설의 전제인 셈이죠. 당연히 한국에 사는 아이라면 영어를 일상적으로 접할 수 있는 환경이 아닙니다. 그러므로 영어 교육은 모국어 습득이 안정된 다음, 한국어가 확실히 자리 잡은 이후에 시작하는 게 맞습니다. 또 아이들은 대략 만 5세가 지나야 모국어 발음이 완성되는데요, 그 이후에 외국어 발음 체계를 익히는 편이 좋습니다.

실제로 너무 일찍 영어를 시작했다가 영어도 한국어도 제대로 안 되어서 센터를 찾는 아이도 많고, 시옷을 [θ], [ð] 정도로밖에 발음하지 못하는 경우도 종종 있습니다. 한글과 영어는 발음 체계와 방식 자체가 전혀 다릅니다. 또 중요한 것은 욕심을 내지 않는 것입니다. 한글처럼 아이가 자연스럽게 관심을 가질 때 시작하는 것이 좋습니다.

1 말하는 대로, 로봇 놀이

목표 아이가 어떤 행동을 지시했을 때 아이의 지시 '그대로' 부모가 움직이는 놀이입니다. 이 과정을 통해 아이는 상황이나 사건의 논리적 관계의 이해력을 높이게 됩니다. 또한 아이의 지시에 잘못된 오류가 있음에도 부모가 그대로 움직인다면, 아이가 스스로 상위 언어 기술(원인 이유, 해결 추론, 단서 추측)을 사용하여 언어 능력을 향상시킬 수 있습니다.

놀이 방법

① 아이와 양육자가 하나의 '미션'을 함께 수행하는데, 이때 양육자는 아이가 말한 그대로만 행동한다. 예를 들어 물 마시기라고 한다면, 먼저 물통과 컵을 가져다 놓은 다음 이렇게 말한다. **"이제부터 아빠는 물을 마실 거야. 그런데 민우가 말하는 그대로만 움직일 거야."**

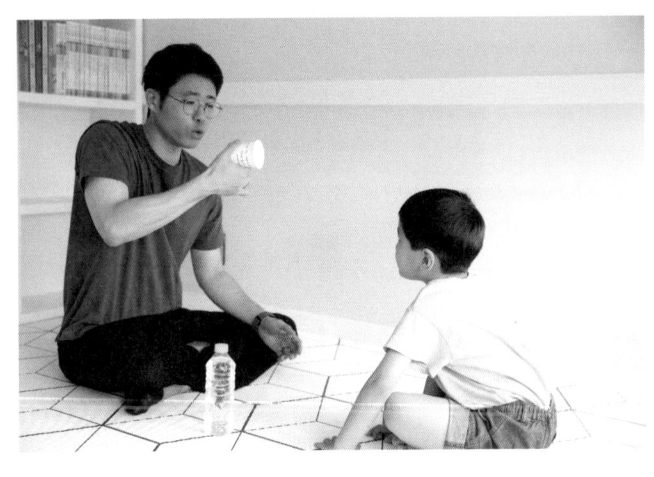

② 아이가 **"물을 마신다."**라고 말한다. 보통 이 시기 아이들은 구체적인 상황 설명 없이 바로 행동을 지시하는 말을 하기 마련이다.

그러면 양육자는 허공에 빈 컵을 흔드는 행동을 한다. 만약 이렇게 했는데도 아이가 감을 못 잡는다면 힌트를 준다. **"물이 없는데?"**(원인 이유)

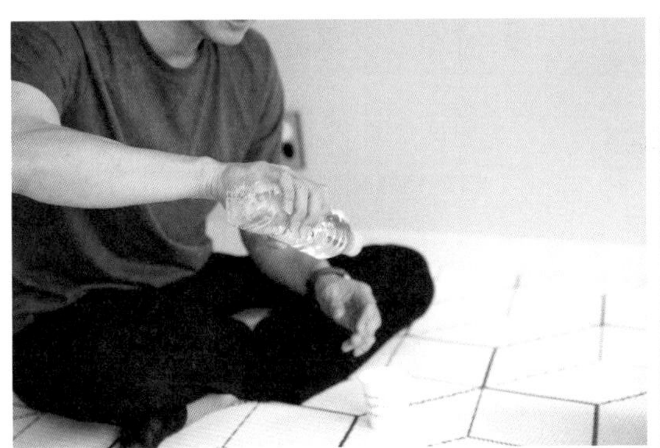

③ 아이가 **"물을 따른다"**(해결 추론)라고 말하면 아빠는 물병의 뚜껑을 열지 않은 채 물을 따른다. 역시 아이가 감을 잡지 못하면 힌트를 준다. **"물이 안 따라지는데…."**

④ 아이가 **"뚜껑을 연다."**라고 말하면 그대로 행동한다.

⑤ 다음으로 아이가 **"컵에 물을 따른다."**라고 맞게 말하면 그대로 수행하지만 그냥 **"물을 따른다."**라고 하면 바닥에 물을 조금 따라 볼 수도 있다.

⑥ 이런 식으로 무사히 물을 마시게 되면 잘 수행한 것이다.
끝난 다음에 **"아빠가 왜 물을 못 따랐는지 어떻게 알게 되었어?"**라고 물어본다.
(단서 추측)

원쌤의 팁

◆ 이 외에도 사탕 먹기나 신발 신기 미션 등을 할 수도 있습니다. 이때도 아이가 **"사탕을 먹어요."**라고 하면 양육자는 껍질을 까지 않고 바로 입에 넣어 버립니다. 이걸 본 아이가 **"뱉어요."** 라고 하면 그냥 바닥에 뱉어 버립니다. 이런 과정을 통해 아이는 상황에 맞게 설명하는 법을 터득할 수 있고, 더 나아가 알맞은 행동을 하게 하려면 어떤 표현을 쓰면 좋은지 구체적으로 생각하는 사고력을 기르게 됩니다. 이것은 해결 추론과 단서 추측과도 연관이 있으므로 논리력 또한 높이는 효과가 있습니다.

2 사계절 연상 게임

목표 계절의 구성(봄, 여름, 가을, 겨울)을 알고, 계절과 관련된 범주를 이해하게 됩니다. 또한 계절에 따른 날씨의 변화를 이해하고 관련된 사물의 기능을 익힐 수 있습니다.

준비물 계절과 관련한 다양한 물품들

예) 반팔 티셔츠, 코트 등 계절과 관련이 있는 옷들, 튜브, 물안경, 수영복, 털장갑, 부츠, 귀마개, 계절을 나타내는 그림 카드 등

놀이 방법

① 사계절을 상징하는 다양한 물건을 둔 다음 하나를 짚고 어떤 계절이 떠오르는지 묻는다.

- 계절을 먼저 말하고 그에 맞는 물건을 집게 할 수도 있다.

② 아이가 계절을 말하면 그 계절에 사용해 볼 수 있는 물건들을 묶어 본다. (범주화)

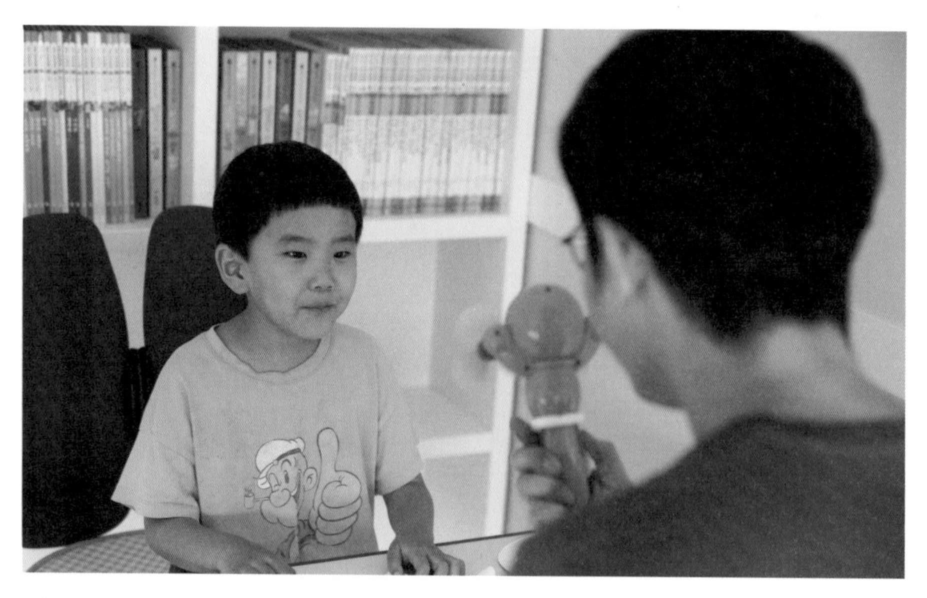

③ 물건이 왜 그 계절에 사용되는지 물어본다. (기능 표현)

예) **"선풍기는 어느 계절에, 왜 사용하지?"**

④ 계절 카드를 활용하거나 물건과 관련된 경험을 들려주고, 아이에게도 묻는다. (이야기 재구성)

예) "우리 가을에 단풍놀이 갔을 때 기억나?", "엄마는 겨울에 장갑을 안 챙겼더니 손이 너무 시렸어. 민우는 겨울과 장갑 하면 어떤 일이 떠올라?", "우리 예전에 바닷가에 가서 물안경 쓰고 물놀이했는데…. 그때 진짜 더운 여름이었지. 민우는 그때 어땠어?"

3 말 따라 하기 놀이

목표 문법(어순, 문장 구조)에 대한 지식이 있어야 긴 문장까지 따라 말할 수 있습니다.
상대방의 말을 잘 듣고, 긴 문장을 기억하고, 문장 모방 능력을 향상합니다.
모방할 때는 조사나 어미까지 모두 따라 해야 작업 기억력을 높일 수 있습니다.

놀이 방법

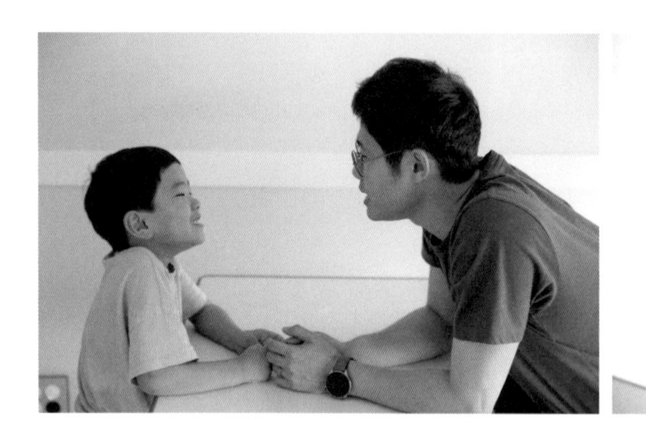

① 양육자의 말을 아이가 똑같이 따라 하게 한다.

- 중요한 조건은 4~5어절일 것. 조사가 들어갈 것

예) "엄마와 아빠는 오늘 백화점에 갔다.", "엄마는 설거지하고 형은 청소한다."

② 바꿔서 아이에게도 말해 보라고 하고 양육자가 따라 한다. 이때 일부러 틀린다. 이때 아이가 어떤 부분이 틀렸는지 스스로 찾아내고 지적할 수 있도록 한다.

원쌤의 팁

- 아이의 언어 능력이 낮다면 조사의 쓰임을 틀리게 할 수 있습니다. 예를 들어 **"나와 아빠는 컴퓨터를 한다."**라는 문장일 때, 아이의 언어가 잘 발달했다면 정확하게 따라 하지만 그러지 못한 친구들은 **"나는 아빠는 컴퓨터 한다." "나와 아빠랑 컴퓨터한다."**처럼 말할 수도 있습니다. 그런 경우 이 놀이를 자주 해 주면 좋습니다. 만약 아이가 너무 어려워한다면 처음부터 네 어절로 하지 말고 세 어절의 문장으로 먼저 한 다음에 조금씩 늘려갑니다. 아이에게 성공 경험을 줘야 흥미를 느끼고 계속하려고 합니다.

4 많이 말하기 놀이

목표 소위 차 안 놀이라고도 부르는데요, 차를 타고 이동할 때 하기에 좋습니다. 종이나 펜을 쓰지 않고 기억으로만 하는 것이 핵심입니다. 이 놀이를 하면 평소 잘 말하지 않던 단어도 떠올려 쓰게 되고, 시간 안에 최대한 많은 단어를 생각해야 하므로 자연스럽게 언어 연습이 됩니다. 필요한 단어를 빠르게 떠올리는 언어 순발력도 기르고, 회상 능력도 자극합니다.

놀이 방법

① 회상하기: 1분이란 시간을 정하고, 주제 범주를 던져 놓고 최대한 많이 말해야 한다.

예) "1분 안에 알고 있는 동물 다 말해 보자."

② 추가하기: 양육자가 시작 단어를 제시하면 아동이 이를 따라 한 후, 여기에 다른 단어를 하나 덧붙이도록 하면서 점차 그 숫자를 늘려간다.

엄마: 코끼리

아이: 코끼리, 사자

엄마: 코끼리, 사자, 고양이

아이: 코끼리, 사자, 고양이, 강아지

원쌤의 팁

◆ 아이가 좋아하는 주제를 선정하는 것도 방법입니다. 공룡 이름 말하기, 바다 동물 이름 말하기, 포켓몬 캐릭터 말하기 등입니다. 그 외에 꼭 알아야 하는 신체 부위 같은 것도 좋은 주제입니다. 아이가 잘 알고 있는 주제로 한다고 가정할 경우 49~60개월이면 1분 안에 최소 7개, 평균 10개 이상 말할 수 있어야 합니다.

5 숫자로 말해요

목표 이 시기는 조금씩 글자에 관심을 가질 나이입니다. 이 놀이는 말이라는 것이 음절로 이루어져 있다는 개념을 알게 함으로써 글자에 더 큰 흥미를 가지게 합니다. 이것을 음운 인식이라고 하는데 아동의 읽기 능력과 연관이 됩니다. 따라서 음운 인식 교육을 통해 읽기 능력을 향상시킬 수 있습니다. 또한 글자 수를 제한하면 정해진 틀 안에서 가장 적절하게 표현하는 능력을 기를 수 있습니다. 필요한 단어를 빠르게 떠올리는 언어 순발력도 기르고, 회상 능력도 자극합니다.

놀이 방법 1

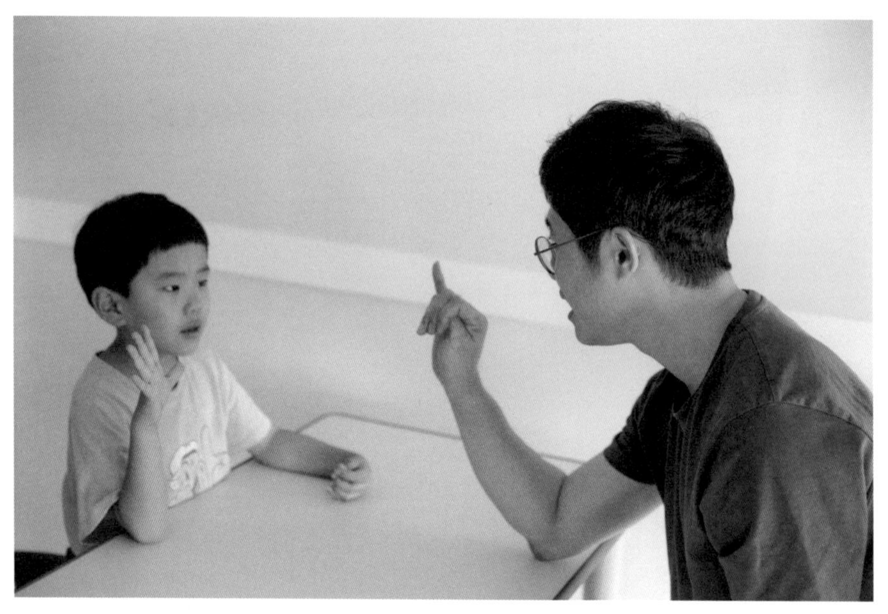

① 양육자: **"이제부터 우리는 다섯 글자로만 말할 거야. 밥은 먹었니?"**

- 이때 손가락을 하나씩 접으면서 말한다.

② 아이: "네. 먹었어요."

③ 양육자: "어제 뭐 했어?"

- 이런 식으로 대화를 이어 간다.

놀이 방법 2

① 글자 수와 주제를 정해 아이와 양육자가 한 번씩 번갈아 가며 말한다.

예) 세 글자 과일과 야채 말하기 - 바나나, 토마토, 시금치 등

네 글자 음식 말하기 - 김치찌개, 생선구이 , 스파게티 등

<PART. 7>

61개월 이후 놀이 모음

1 · 언어가 성장하는 말놀이

1 보물찾기 놀이 2

목표 발음이 안 좋은 친구들은 드릴(drill) 기법인 반복이 매우 중요합니다. 미숙한 발음을 많이 표현해 볼수록 명료도가 더 높아집니다. 5세 이후에도 발음이 좋지 않을 때 이 놀이로 발음 연습을 시켜 보세요.

준비물 단어 카드(직접 쓴 것도 가능)

놀이 방법

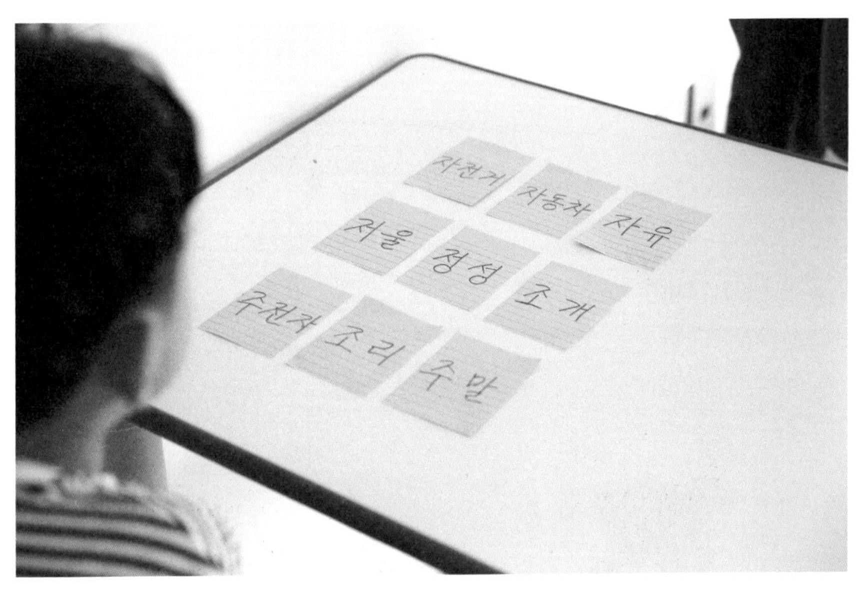

① 아이가 잘하지 못하는 발음이 있다면 그 자음으로 시작하는 단어 카드를 준비한다.

예) ㅈ 발음이 잘 안 된다면, 자동차, 자전거, 저울, 자신, 자유 등

② 아이에게 카드를 집 안 곳곳에 숨기게 한다.

③ 양육자는 못 찾는 척하면서 숨긴 카드가 무엇인지 물어봐서 그 단어를 발음하게 한다.

2 긴 문장 만들기

목표 복문 말하기 능력을 향상하고, 연결 어미, 문장 접속사, 이야기 구성을 능숙하게 사용할 수 있도록 합니다.

놀이 방법

① 2개의 단어를 말해 준 뒤, 제시한 단어를 가지고 아이에게 하나의 문장을 만들도록 한다.

② 문장이 이상하면 아이에게 **"뭔가 좀 이상한데?"** 정도로 표현해서 다시 생각해 볼 수 있게 한다.

예) '즐겁다'와 '백화점'이라면 - "엄마와 같이 백화점에 가서 즐겁다.", "백화점에 가서 맛있는 것을 사 먹어서 즐겁다." 등

원쌤의 팁

- 익숙해지면 세 단어, 네 단어를 제시하고 이를 모두 이용해 문장을 만들게 할 수도 있고, 양육자와 아이가 한 번씩 번갈아 가면서 할 수도 있습니다.

3 전후 놀이

목표 전과 후의 개념을 익히고, 작업 기억력을 향상합니다. 또한 아이의 표현력을 높이기 위해 오류가 있는 문장을 들려주고 아이 스스로 수정해 볼 수 있도록 합니다.

놀이 방법

① 전과 후를 넣어 다양하게 지시합니다.

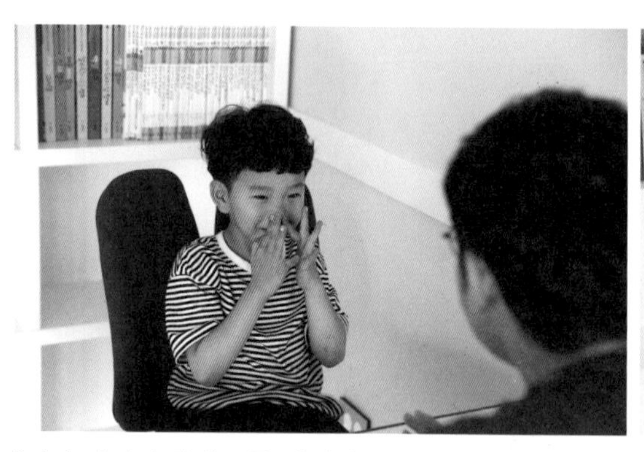
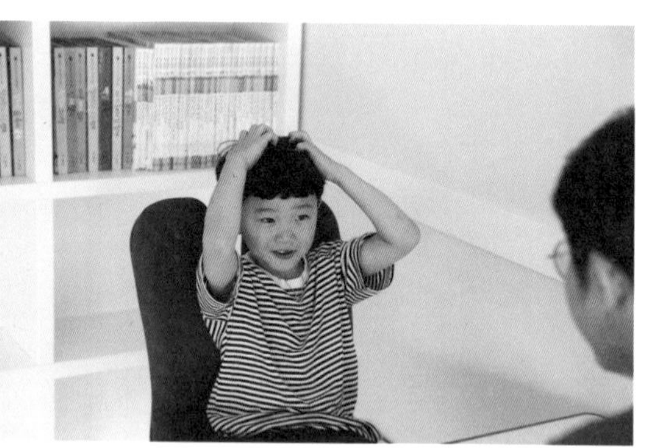

"머리 만지기 전에 코를 만지세요. "

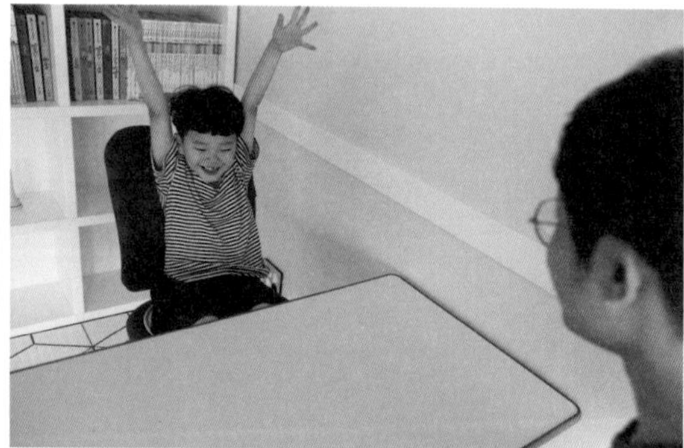

"책상을 두드린 후 팔을 높이 드세요."

그 외 예시

- 손을 들기 전에 일어나세요.
- 일어선 후 제리에서 높이 뛰세요.
- 박수를 치기 전에 코리끼 코를 하고 한 바퀴를 도세요 등

놀이 방법 2

부모가 말하는 문장에서 이상한 점을 찾아 올바르게 고쳐 보라고 말한 다음에 문장을 들려줍니다.

예) 신발을 신은 후에 양말을 신었어요.

바지를 입은 후에 팬티를 입었어요.

밥을 먹기 전에 양치를 했어요.

원쌤의 팁

◆ 보통 '전'을 어려워하고, '후'는 쉽게 할 수 있습니다.

4 말 이어 가기

목표 대화를 잘하려면 주고받기식 대화와 주제 유지를 잘할 수 있어야 합니다. 막연하게 **"대화가 안 통해."**, **"자기 말만 해."**, **"엉뚱한 얘길 해."**라고 했던 것들을 이 놀이를 통해 개선하고 화용 능력을 기를 수 있습니다.

놀이 방법

① 주제를 주고 양육자와 아이가 한 문장씩 번갈아 가면서 말한다.

② 아이가 어떻게 말하는지 보고 그에 따라 양육자가 다음 문장을 잇는다.

원쌤의 팁

◆ 이런 놀이는 크게 세 가지 주제로 나눌 수 있습니다.

(1) 이미 있는 이야기: 동화『토끼와 거북이』

(2) 가상의 상황

(3) 가족이 앞으로 할 경험: **"우리 내일 놀이공원 갈 건데 거기서 뭐 할지 말해 보자."**

등입니다. 놀이를 하다 보면 옆으로 새거나, 장난치는 아이도 있고, 주제에 맞게 말하지 못하는 친구도 있습니다. 이때 '이미 있는 이야기'가 주제라면 다시 한번 강조해 줍니다. **"우리는 토끼와 거북이 이야기를 하고 있고 끝에는 거북이가 이겨야 해."** 알지?
가상의 상황극이나, 예정된 경험일 경우에 아이가 옆으로 샌다면 다음 문장에서 양육자가 끌고 옵니다.

양육자: **식당에서 밥을 먹었어요.**
아이: **화장실에 갔어요.**
이렇게 주제에서 벗어난 이야기를 한다면, 지적하거나 혼내지 말고
양육자: **아! 밥 먹기 전에 손 씻으러 화장실에 갔던 걸 깜빡했어요.**

이런 식으로 다시 주제를 이야기 속으로 끌어올 수 있습니다. 이 놀이의 장점은 주제에서 벗어났을 때 양육자의 차례에서 이끌어 줄 수 있다는 것입니다. 만약 아이의 수준이 높다면 양육자가 일부러 주제에서 벗어난 이야기를 할 수도 있습니다. 아이가 다시 주제에 맞게 끌어올 수 있는지 보는 것이죠.

2 · 글자와 친해지는 놀이

만 5세가 넘으면 본격적으로 글자에 관심을 보이기 시작합니다. 한글 교육은 무엇보다 아이가 글자에 관심을 보일 때 시작하는 것이 가장 바람직합니다. 그렇다고 무작정 아이가 관심을 가질 때까지 기다리기보다는 놀이를 통해 글자를 친숙하게 느끼고 조금씩 글자를 쓰도록 유도해야 할 수도 있습니다. 여기서 알아 두어야 할 것은 공부가 아니라 놀이라는 인식을 갖게 하는 것이 더 효과적이라는 점입니다.

1 집 안 글자 찾기

목표 기억력을 향상하고 글자에 친숙하게 합니다. 이는 같은 글자를 찾아보며 관찰력과 함께 집중력을 키울 수 있는 놀이 방식입니다.

준비물 포스트잇

놀이 방법

① 포스트잇에 집 안 사물의 명칭을 쓴 다음 미리 붙여 놓는다. 거울, 책상, 의자, 가방, 냉장고 등등 최대한 많은 곳에 붙여 놓을수록 좋다.

② 다른 종이에 사물 명칭을 쓴 다음 아이에게 같은 글자를 찾게 한다. 이때 소리 내어 읽지 말고 글자만 보여 주고 찾게 한다.

예) '가방'을 쓴 다음 아이에게 보여 주면서 **"이거랑 같은 글자 찾아올래?"**

③ 아이가 맞게 찾아오면, **"맞아. 이건 가방이지, 가방!"**

원쌤의 팁

◆ 이 놀이 방법에서 단어를 어려워한다면 처음에는 자음과 모음만으로 시작하다가, 점점 아이의 습득력이 높아진다면, 아이의 이름 혹은 동물의 이름, 사물의 이름 등으로 좀 더 확장해서 놀이 방식을 바꿀 수 있습니다.

2 책 글자 놀이

목표 집 안 글자 찾기 놀이의 업그레이드 버전입니다. 음운 인식을 높일 수 있는 놀이인데, 보통 음운 인식 능력은 생활 연령이 높아지면서 단어→음절→음소 순으로 발달해 갑니다. 즉, 처음에는 완성된 글자 형태의 단어나 음절만 인식하다가 점차 음운론상의 최소 단위인 음소를 인식할 수 있게 됩니다. 아동에게 음절을 인지할 수 있는 음운 인식 능력이 생기면 음운 조직의 체계 이해에 크게 도움이 됩니다. 다시 말해 이 놀이를 반복하면 어떤 단어를 보았을 때 그 의미를 이해하는 능력이 크게 향상될 수 있습니다.

준비물 종이 신문, 잡지, 책 등

놀이 방법

① 책을 펼치고, 하나의 단어를 제시한다.

② 그 단어의 첫 글자와 똑같이 시작하는 단어를 다 찾는다.

- '사슴'이라는 단어라면 책이나 신문에 '사' 시작하는 모든 단어를 찾는 식이다. 아이가 어느 정도 이 놀이에 익숙하다면 'ㅅ'으로 시작하는 단어를 찾는다. 체크하든, 형광펜으로 긋든, 가위로 오리든 방식은 상관이 없다.

원쌤의 팁

◆ 아이가 음절을 인식하면 음소로 점차 변경해 주세요.

처음엔 '사'로 시작하는 글자 찾기 놀이 → 'ㅅ'으로 시작하는 글자 찾기 놀이 → 'ㅅ' 받침이 있는 글자 찾기 놀이

3 오늘 내가 한 말은?

목표 자신이 한 말이 글자가 된다는 것을 보면 쓰기 공부에 동기를 부여해 줄 수 있습니다. 또한 자신이 한 말들을 되짚어 보게 하면 왜 좋은 말을 써야 하는지 깨닫게 할 수 있습니다.

놀이 방법

① 양육자는 오늘 하루 아이가 했던 말을 생각해서 포스트잇에 적는다.

② 단어를 하나 선택한 후 아이에게 읽어 보라고 하고, 어떤 상황에서 왜 그런 말을 했는지 대화를 나눈다.

③ 그 단어를 써 보게 한다.

예) 포스트잇 '배고파'

양육자: 이거 무슨 글자야? (아이가 아직 글을 모른다면 "배고파." 라고 적혀 있네?)

아이: 배고파.

양육자: 맞아. 오늘 민우가 했던 말이지. 언제 이렇게 말했었지? 왜 그렇게 말했었어?

아이: 어린이집에서 오는데 너무 배고팠어. 그래서 엄마한테 배고프다고 말했어.

양육자: 그래서 엄마는 어떻게 했지?

이런 식으로 대화를 이어 간 다음, 마지막에

양육자: 그럼 민우가 했던 말인 '배고파'를 써 볼까?

4 색으로 표현해요.

목표 흥미 있는 쓰기가 되기 위해서는 그 과정이 '재미있어야' 합니다. 아이가 어느 정도 글을 쓸 수 있을 때 가능한 놀이입니다. 글 쓰는 연습도 할 수 있고, 빠른 시간 안에 주제에 맞는 단어를 떠올릴 수 있는 언어 순발력도 기를 수 있습니다.

준비물 종이, 같은 색의 색연필 두 자루 이상

놀이 방법

① 양육자와 아이가 같은 색의 색연필을 들고 번갈아 가며 그 색과 관련된 단어 적기 경쟁을 한다. 빨간 색연필이라면 빨간색이 들어간 사물 이름을 쓰는 식이다.

예) 사과, 딸기, 산타, 소방차 등

원쌤의 팁

◆ 만약 아이가 아직 스스로 쓰기가 안 된다면 부모가 먼저 색과 관련된 사물 이름을 적어 주고 아이에게 따라 쓰게 하는 것도 좋습니다.

쓰기 발달

2세: 움직임을 통한 즐거움이나 그릴 때마다 나타나는 흔적에 대한 시각적인 만족감으로 낙서와 비슷한 끄적거림을 행함

3세: 성인의 글씨를 의도적으로 모방하여 선이나 동그라미, 수직선 등 기하학적인 형태를 그림

3~5세: 쓰기 패턴이 다양화되고, 점차적으로 모방에서 창작 형태로 변형되어 실제 글자, 유사 글자, 창의적이거나 상징적인 글자를 혼합하여 씀

역할놀이의 장점

이 책을 마무리하기 전에 역할놀이에 대해서 말씀드리고자 합니다. 언어 발달에 있어 역할놀이는 가장 중요하다고 해도 결코 과장이 아니기 때문입니다. 역할놀이를 통해 아동이 다른 사람이나 캐릭터의 역할을 하거나 혹은 어떤 가상의 상황을 간접 경험해 볼 수 있는데요, 보호자가 잘 활용하면 모든 경우에 대입과 대응이 가능합니다.

예를 들어 아이가 25개월이 넘었는데 두 단어 연결이 잘 안 되고 있다면 장난감을 가지고 일종의 역할놀이를 하면서 알려 줄 수 있습니다. 뽀로로 장난감을 가지고 보호자 역할놀이를 하는 것이죠. **"뽀로로 앉아.", "뽀로로 일어서.", "뽀로로 먹어."** 등등을 가르쳐 줄 수 있습니다. 세 단어 연결을 가르치고 싶다면 **"뽀로로가 의자에 앉았어.", "뽀로로가 화장실에 갔어."**처럼 활용하면 됩니다. 활동은 같은데 어떻게 말하느냐, 무엇을 말하느냐에 따라 달라질 수 있습니다. 이런 식으로 언어가 빠른 아이는 빠른 대로, 느린 아이는 느린 대로 수준에 맞춥니다. 만약 언어 발달이 지체된 아이라면 언어를 배우는 속도 자체가 느리고 어휘 수가 부족하여 몇몇 단어만 계속 반복해서 사용한다고 느낄 수도 있습니다. 이런 아이들의 경우 4세 이후부터 언어, 사회성 등 전반에 걸쳐 그 양상이 두드러져 보일 가능성이 있습니다. 연령이 올라가면 올라갈수록 타인과 사회와 소통하는 데 점점 화용언어가 중요해지는데요, 그런 경우에도 역할놀이를 통해 의사소통 능력을 향상할 필요가 있습니다.

병원, 마트, 미용실, 소꿉놀이 등 역할놀이의 종류는 실로 다양한데요, 역할놀이를 통해 아이가 알고 있는 언어를 실생활에서 사용해 볼 수 있다는 점도 큰 장점입니다. 아무리 많은 단어를 알고 있어도 실제로 사용하지 못한다면 의미가 없지요. 알고 있는 단어를 언제 어떤 식으로 사용할 수 있는지 스스로 깨닫게 해주는 데는 역할놀이만 한 게 없습니다. 무엇보다 그저 앉아서 하는 치료보다 아이들의 흥미를 이끌어 낼 수도 있고, 즐겁게 주의를 집중하면서 언어를 확장시킬 수도 있습니다.

역할놀이 활용법

역할놀이의 활용법에 대해 조금 더 예를 더 들어보겠습니다. 이 책은 연령별로 언어 발달 체크리스트를 제시하고 있습니다. 지표상으로 아이가 36개월에 되었는데도 의문문을 제대로 구사하지 못하고 있다고 가정하겠습니다. 그러면 물고기 잡기 놀이를 통해 다양한 의문사를 들려주고 말하게 할 수 있습니다.

"무슨 물고기 잡아?," "어떤 물고기 잡을 거야?(미래시제)", "어떤 물고기 잡았어?(과거시제)" 등입니다. 또 **"민우는 무슨 색 물고기 잡고 싶어?", "빨간색 물고기가 좋아, 파란색 물고기가 좋아?"** 같은 대화를 통해 색의 개념을 알려줄 수도 있고, **"엄마는 물고기 두 마리 잡았는데, 민우는 물고기 몇 마리 잡았어?"**라는 식으로 복문을 사용할 수도 있고, 숫자의 개념을 알려 줄 수도 있습니다.

또 신체 부위를 알려 주고 싶다면 다음과 같은 말을 하면서 병원놀이를 할 수도 있습니다. **"무릎이 아파요.", "어깨가 아파요."** 만약 아이가 수준이 좀 더 높다면 심장이나 위 같은 신체 장기를 이야기할 수도 있고, 직접적인 병명을 말해 줄 수도 있습니다. 결론적으로 어떤 역할놀이를 어떻게 하느냐만 잘 생각한다면 아이의 언어 발달 수준에 모두 맞출 수 있습니다.

효과적인 역할놀이를 위해 필요한 몇 가지 기술

역할놀이는 놀이지만 동시에 학습이기도 합니다. 그래서 아이는 즐거워야 하고 그 놀이 속에서 어떤 목표를 이룰 수 있어야 합니다. 역할놀이를 좀 더 효율적으로, 또 아이가 좀 더 재미를 느끼게 하기 위해 필요한 몇 가지 방법들을 소개하겠습니다.

1. 관찰하기

역할놀이를 잘하기 위해서는 우선 보호자가 아동의 수준, 필요한 부분, 행동, 몸짓, 얼굴 표정 등을 끊임없이 관찰해야 합니다. 관찰하지 않으면 아이의 행동과 마음을 결코 이해하지 못하기 때문입니다. 이를테면 아이가 신체 부위를 아는지 모르는지 혹은 어떤 부위를 모르는지를 파악하고 있지 못하면 당연히 제대로 된 역할놀이를 할 수 없습니다. 관찰을 통해 이런 부분을 제대로 파악해야 합니다.

만약 내 아이가 어깨는 알고 있는데 무릎을 아직 모른다면 병원놀이를 할 때도 **"무릎을 다쳤구나. 무릎에 밴드를 붙이자. 의사 선생님이 무릎에 호~ 해 줄게."**라고 접근할 수 있습니다. 뭘 가르쳐야 할지 관찰하고, 이거 하나만 잘 가르쳐야겠다고 생각하면 가장 적절한 타이밍을 잡을 수 있습니다.

2. 주도권은 아이에게

보통 역할놀이를 하기 위해서는 미리 장난감 및 소품(예를 들어 소꿉놀이라면 그릇, 포크, 음식 모형 등)을 배치하고 그에 어울리는 대화가 필요합니다. 반복하여 들려주고, 역할을 바꾸면서 들려줄 말을 할 수 있게 해 주어야 합니다. 만약 역할놀이를 하는데 반응이 없다면 다시 모델링을 해 줄 수도 있습니다. 그러다 점차 아동이 적응해 나가면 보호자는 개입을 줄이고 아이가 스스로 놀이를 주도해 갈 수 있도록 해 주어야 합니다.

처음부터 끝까지 부모가 주도하면서 이끌려고 하다 보면 아이가 적응하지 못하고 튕겨 나갈 수도 있기 때문입니다. 보호자는 역할놀이 초반, 아이가 이 놀이에 몰입하기 전에 아이의 참여를 유도할 때만 이끌어 가고 이후에는 아이가 선택한 활동이나 주제에 적극적으로 공감하면서 의사 소통자의 역할에 충실해야 합니다.

3. 기다리기

보호자는 아이가 흥미 있어 하는 것을 마음껏 관찰하고 생각할 수 있도록 충분한 시간을 제공해야 합니다. 특히 보호자의 말이나 행동에 아이가 반응할 때, 보호자도 신나서 몰아 붙이는 경우가 있는데요, 절대 금물입니다. 아이가 스스로 말하도록 기다려야 하고, 아이가 말을 하면 그때 반응을 해 줍니다. 병원놀이를 할 때 스티커(밴드 대용)를 붙였는데 아이의 반응이 느리다고 보호자가 떼 주지 말라는 것입니다. 기다렸다가 아이가 스티커를 떼면 그때 **"이마에 있던 밴드를 떼었네. 이제 이마가 다 나았니?"** 이런 식으로 반응해 주어야 합니다.

4. 얼굴 마주 보기

아이와 보호자가 서로 얼굴을 마주보고, 눈빛을 주고받을 때 아이와 보호자는 서로 같은 시간과 감정을 공유할 수 있습니다. 얼굴 마주 보기는 아이와 보호자의 상호작용을 확인할 수 있는 가장 중요하면서도 좋은 방법입니다. 또한 아이는 보호자의 얼굴과 표정을 보면서 어떻게 소리를 내고, 무엇을 말하는지 알 수 있습니다.

역할놀이 도구와 방법

마지막으로 역할놀이를 좀 더 쉽게 할 수 있도록 만들어진 도구를 몇 개 소개하고, 어떤 말을 할 수 있는지에 관해 말씀드리겠습니다. 여기에 소개한 도구들은 저와 어떠한 연관도 없습니다. 그리고 반드시 그 도구를 사용해야 하는 것도 아닙니다. 가장 대중적인 것들이라 소개해 드리는 것이라는 점을 말씀드립니다.

물고기를 잡아요 - 뽕뽕이 훼미리 낚시 게임

한 단어: 물고기, 잡아/잡았다, 색깔(빨강, 초록, 노랑 등)

두 단어: 빨강 물고기, 물고기 잡아/잡았다, 입 벌려/입 다물어

문장: 내가 빨간 물고기 잡았어, 내가 물고기 2마리 잡았어

가족 호칭 - 아기 상어 스티커 북

한 단어: 엄마, 아빠, 할머니(하미/함미), 할아버지(하비/하삐: 3~4음절은 음절이 길어서 어려우므로 아동의 언어 수준에 따라 제시), 떼/빼(※ 떼다, 빼다 정확히 구분이 어려운 경우, 아동이 쉽게 표현 가능한 동사를 쓰도록 유도하되, 추후에는 변별하도록 해야 함), 붙여

두 단어: 엄마 붙여, 엄마 떼/빼

문장: 내가 엄마 상어 붙여, 아빠가 엄마 상어 떼요

양치 놀이 - 핑크퐁 아기 상어 양치놀이

한 단어: 치카치카, 썩었어

두 단어: 치카치카 해, 사탕/초콜릿 먹었어, 이 썩었어, 우글우글 퉤!

문장: 아기 상어/아기 하마(가) 치카치카 해/ 밥 먹고 이를 닦아, 위/아래 썩었어, 위/아래 양치해요(위치 부사어 연결)

저금 놀이 - 피셔프라이스 스마트 피기뱅크

한 단어: 넣어, 꺼내, 빼, 열어, 닫아, 뚜껑, 동전, 숫자, 색깔

두 단어: 동전 줘/넣어, 뚜껑 열어/닫아, 동전 많아/적어

문장: 동전 두 개 줘, 사 번 동전 줘, 나는 빨간 동전 좋아해, 뚜껑이 안 열려

질문에 대답하기: 아이가 **"안 돼."** 하고 엄마를 쳐다보기만 한다면?

"뭐가 안 돼?"라는 표현을 통해 **"뚜껑이 안 열려."** 유도하기

"그럼 어떻게 해야 해?"라는 표현을 통해 **"아빠가 뚜껑 열어 주세요."** 유도하기

(각 상황에 맞는 적절한 동사를 구체적으로 표현하는 데 도움)

과일 가게 놀이 - 야채네 과일가게

한 단어: 과일, 채소 이름, 열어, 돌려, 빼, 잘라, 넣어, 먹어, 좋아/싫어

두 단어: 뚜껑 열어, 사과 잘라, 수박 붙여, 바나나 좋아, 당근 싫어

문장: 칼로 수박 잘라요, 나는 수박이 제일 좋아, 뚜껑이 안 열려

덧붙여 말씀드리면 역할놀이 교구를 굳이 다 구입할 필요는 없습니다. 예를 들어 검색창에 '주사기, 청진기' 등을 검색하면 다양한 사진이 나올 텐데 해당 이미지를 조금 크게 뽑아서 코팅하거나 택배 상자 등에 붙여서 자르면 꽤 훌륭한 교구가 됩니다. 아이와 함께 직접 사진을 골라 볼 수도 있는데, 이런 경우 직접 만든 장난감이라 더 흥미를 보이기도 합니다. 너무 작게 만드는 것보다는 성인 손바닥 정도의 크기로 만드는 편이 좋습니다.